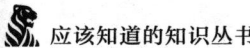
应该知道的知识丛书

动物
知识全知道

本书编写组◎编

YINGGAI ZHIDAO DE ZHISHI CONGSHU

DONGWU ZHISHI QUANZHIDAO

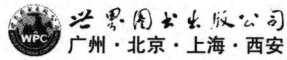

世界图书出版公司
广州·北京·上海·西安

图书在版编目（CIP）数据

动物知识全知道/《动物知识全知道》编写组编
. —广州：广东世界图书出版公司，2010.8（2024.2 重印）
　ISBN 978 - 7 - 5100 - 2603 - 4

　Ⅰ．①动… Ⅱ．①动… Ⅲ．①动物 - 青少年读物
Ⅳ．①Q95 - 49

中国版本图书馆 CIP 数据核字（2010）第 160337 号

书　　名	动物知识全知道	
	DONGWU ZHISHI QUANZHIDAO	
编　　者	《动物知识全知道》编写组	
责任编辑	左先文	
装帧设计	三棵树设计工作组	
出版发行	世界图书出版有限公司　世界图书出版广东有限公司	
地　　址	广州市海珠区新港西路大江冲 25 号	
邮　　编	510300	
电　　话	020-84452179	
网　　址	http://www.gdst.com.cn	
邮　　箱	wpc_gdst@163.com	
经　　销	新华书店	
印　　刷	唐山富达印务有限公司	
开　　本	787mm×1092mm　1/16	
印　　张	10	
字　　数	120 千字	
版　　次	2010 年 8 月第 1 版　2024 年 2 月第 11 次印刷	
国际书号	ISBN　978-7-5100-2603-4	
定　　价	48.00 元	

前　言

人类在咒骂同类时常用的最为刻薄的一句话就是"禽兽不如"。表面看，我们对飞禽走兽时多么鄙视，实际上却说明我们对它们是那么的不了解，解释我们一直不耻与之为伍，但人类、兽类、鸟类以及地球上的所有生物终归都是地球村的成员。有时候，飞禽走兽的生活方式和行为规范很值得人们学习和借鉴。

就拿和我们接触最为频繁的动物来说吧，不管是猫还是狗，它们的生活方式所具有的共同特点就是睡眠充足；肚子饿了就去找食物；不去思考过多将要发生的问题。倘若我们也可以用这样的态度对待生活，那生活就会变得简单、美好，每个人的幸福感也会增强很多。

在美国新泽西州有一位著名的兽医经过多年的研究发现，动物能给人们很多启示。

比如狗，它会将不好的事情全部抛之脑后，从好的方面去看待一切问题。科学研究发现，当狗受到欺凌虐待的时候，都很快就会将这段痛苦的经历丢开。天生乐观的狗只管尽情享受眼前那一刻生命的芬芳，咀嚼能找到的每一根骨头或者在户外玩耍。

此外，还有鸟、牛教导人们动的忙里偷闲，享受生命。的确，即使最忙碌的鸟也会经常停下来，站在树枝上歌唱。当然，这可能是雄鸟在求偶或者雌鸟在迎合。不过，它们在大部分时间里只是在为生命的存在和活着的喜悦而放声歌唱。

人类能向飞禽走兽学习的地方还有很多很多。事实上，地球上所有生命都是相互依存的，这种环环相扣的生物链条不管失去哪一个环节都会引起生态失衡。生物学家说，每当我们失去一种动物朋友，我们就失去一个对未来的选择。

　　《动物知识全知道》这本书，在向大家讲述关于动物的种种知识与故事的同时，还希望能够呼吁大家对动物的关爱与保护。不管是和人类有很多相似的哺乳动物，还是生活在海洋中的鱼类，翱翔于天空的鸟类，栖息在热带雨林中的爬行动物，还有那些我们不常接触的各种动物，我们都应该多一份了解，多一份关爱。

动物知识全知道

DONGWU ZHISHI QUAN ZHIDAO

目 录

鱼类全知道

鸟类全知道

两栖类与爬行类动物全知道

节肢动物全知道

动物知识全知道

DONGWU ZHISHI QUAN ZHIDAO

哺乳动物全知道

哺乳动物的储备

哺乳动物处于动物界发展的最高阶段。地球上，最大的哺乳动物蓝鲸体重大约有 120 多吨。但也有最小的哺乳动物，例如，鼩鼱科的小麝鼩体重仅 1.2~1.7 克，长度只有 3.4~4.8 厘米。

随着秋季的来临，候鸟开始准备越冬迁徙，同时，也有一些动物将转入冬眠。然而，大多数哺乳动物并不习惯冬眠，冬眠不是它们的特性。它们也不可能像鸟类一样飞往遥远的地方。因此，这些动物不得不像精心操劳的主人那样，强制自己忙于年终收获，进行越冬准备。这个高度进化类群的许多代表都是如此。

哺乳动物贮存食物的本能是长期以来逐渐形成的，而且这种本能在大多数种类那里主要带有个体性质。许多猛兽就是这样。而集体储备食物仅见于群居生活的哺乳动物，例如，海狸、家鼠以及其他啮齿类。但是，大多数野兽收集储备物的目的都只是为了自己。

请看家养动物生活中的一个实例：狗在后院一旦发现残羹，便贪婪地扑向食物。尽管它的食欲很旺盛，也还是要留下一些食物。在这种情况下，它便用牙齿咬住盛有骨头和肉的汤盆，抬起头，闭上眼睛，摇晃几下尾巴，然后，悄悄地溜到花园偏僻的角落把汤盆放下，再用爪使劲地刨地。接着，将食物放入挖好的坑内，用土填平。这是猛兽代表动物贮存食物的一般情形。特别是狗，这种习惯在怀孕时就已经形成了。假如二三天内狗得不到喂食，它就会跑去挖掘自己的库存物。但吃饱时却想不起来这样做。这就是狗的最简单的行为方式，这种方式也为其他能储备食物的高等动物所特有。例如，松鼠就有许多仓库。然而，其中一些仓库这小兽往往无法再次找到，可能是刮风、下雪，雪化成水，使仓库附近的外貌改变了模样的缘故。

动物如果没有一定的基本本能，显然就无法生存。它们的本能是先天形成的，但有时不一定都表现出来。可以推测，如果饥饿的动物能用心寻找到栖息地附近的食物仓库，那么，它也能找到偶尔找不到的被雪或土埋起来的储备物。的确，它们常常具有能够在未知目标条件下发现储备物的天生能力，这是一种本能之谜。

❤ 哺乳动物的旅行

在哺乳动物那里所见到的迁移方式可分为 2 种：非周期性迁移和周期性迁移。非周期性迁移常常是和该种动物的生存条件相联系的。这种迁移主要是在饲料歉收或者由于动物数量猛增而导致它们所在地区繁殖过剩时进行。在这种情况下，原来动物喜欢的和有利于它们繁殖的环境条件变得愈来愈不适宜了。动物感到食物缺乏，于是彼此间竞争加剧，野兽行为也发生变化。最后，它们不得不离开故地而进行迁移。

作为大规模迁徙的典型例子，应该指出的是鼠形啮齿类的声势浩大的迁移。如前所述，这种迁移的年头人们称为"鼠年"。例如，1927 年，无数的成批家鼠横渡了伏尔加河，并迁居到哈萨克斯坦草原。随后没几年的工夫，这些小兽就占据了整个欧洲。它们在这里传播疾病，给居民带来灾难。其他鼠形啮齿类，例如各种田鼹鼠和旅鼠等偶尔也进行类似的旅行。北方旅鼠的迁移是自发性和非周期性旅行的最好实例。这类小动物体长只有 15 厘米，但它们却能跨居亚洲、欧洲和美洲。

在哺乳动物中，季节性迁徙特别普遍。这与食物不足或者根本找不到食物有关。

北方鹿擅长进行与众不同的大迁徙。秋天，这种有蹄动物离开冻原或没有森林的平原奔往南方，即到雪少、暴风雪不常见、食物充足的森林冻原区和泰加林区去。但是，当早春的征候刚一出现时，北方鹿为了摆脱林区无数蚊虫的叮咬而又重新返回辽阔的冻原。这时，冻原已被绿色的青苔和地衣装饰一新。跟在它们后边的是专门搜索掉队者的狼、熊和獾。各种猛禽也在空中盘旋，它们期待分享一些食品。加拿大的美洲北方鹿"柯利布"也能进行类似的迁移。过去，这种动物每群数量有几十万乃至几百万头。

许多动物还具有昼夜迁移的特性，这与到采食地觅食和去饮水处喝水的需要有直接关系。例如，不同种类的有蹄动物——岩羚羊、鹿、羚羊、斑马和其他许多动物在一昼夜之内曾几次来到固定的饮水处，喝完水之后立即返回牧场。

不同种类动物成群结队的迁移活动是它们生存竞争的强大手段，对于每种动物来说都具有重要的生物学意义。这种迁移是十分有趣的。可以认为，这是生物界中一种非常奇怪的现象，至今令人琢磨不透。

大动物的祖先

动物界的"巨人"，有大象、鲸、犀牛、长颈鹿、河马、骆驼等。可是它们的祖先在几千年前并不是和现在一样，有的比它现在的子孙要小得多。

大象是现代陆上的最大动物，它的祖先是始祖象。在5000万多年以前，始祖象和现在的猪差不多大，既没有长鼻子，也没有大象牙，只有厚厚的上嘴唇；陆上巨兽犀牛德老祖宗是4000万年前的跑犀，个子比现在狐狸稍大一些，四肢很长，善于奔跑，头上没有角，长着一个长脖子，与现在的犀牛形状相去甚远；2000多万年前，现今世界上最高的动物长颈鹿的祖先只有现代的羊那么大，既没有长脖子和长舌头，身上也没有斑点的花纹；海中巨鲸是世界上最大的动物，它的老祖宗是4000多万年前的始鲸，身长只有6米多，奇怪的是始鲸那时不是生活在海洋里，而是生活在陆地上；动物界的彪形大汉骆驼，它的老祖宗叫原驼，在 4000 多万年前，原驼却不足 0.5 米高，前肢短、后肢长，有 4 个脚趾，既没有现代骆驼细长的腿、大肉脚垫和高大的驼峰，更没有御寒的长绒毛。假如让这些动物的祖孙站在一起，人们很难相信，它们有一脉相承的亲缘关系。

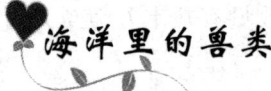

海洋里的兽类

　　人们一提起兽类，总认为它们都是生活在陆地上动物，其实生活在海洋里的兽类也并不少，它们与陆上兽类不同的是其四肢已演化成鳍状，一般仍用肺呼吸，并以乳汁哺育幼仔成长，所以它们仍属兽类。

　　海兽包括海狗、海獭、海牛、海象、海豹、海豚、鲸等，其中有的既能生活在水中，也可以到陆地上生活，如海象、海狮、海狗等；有的非常凶猛，如海狮和鲸类中的虎鲸；有的则十分温顺、可爱，如海象、海豚等；有的还会使用工具，如海獭能用石头当锤子用来卡贝壳和螃蟹壳。这些海兽集群生活在一定海域，繁殖能力也都不高，因此需要人们的保护。

人类的近亲黑猩猩

　　动物界可与人类相近似的动物，首推黑猩猩，它在生理构造和生物化学等方面，更有不少与人非常接近的地方。

　　首先是黑猩猩的大脑组织与人脑接近。其次是生命周期与人类也相差不远，一般可活 40 ~ 50 年，婴儿期为 5 年，3 岁前为哺乳期，3 岁开始独立生活，进入童年期；9 ~ 14 岁为青春期，15 岁便进入成年期，35 岁以后则是老年期。第三是生殖情况与人类也很相近，母猩猩每隔 5 ~ 6 年生一胎，如小猩猩不幸夭折，几个月后又会受孕，生殖器一般都在成年期。第四，黑猩猩的喜怒哀乐、好奇心、警惕性也都与人类相似。黑猩猩会做出各种表示友善、亲昵的动作，例如握手、拍肩膀、拥抱等；当一个家族中的同

类，在林间相遇时，双方都会躬身"施训"，口中还"嗯嗯"的在寒暄问候。

黑猩猩过着群居生活，一个家族有族长统治，在各自方圆十几千米的生活区内生活。它们对自己的"领土主权"十分关心，常常有三五个成年的黑猩猩担任边界的警戒与巡逻任务。当一个家族的成员过多时，也会分家，分家后还相当友好。父母对子女或子女对父母都很亲昵关心，但遇到敌人或者在争夺"首领"宝座，以及与领区同类抢食时，却十分凶悍，有时甚至会激烈格斗，结果，双方都会造成死伤的惨景。

黑猩猩

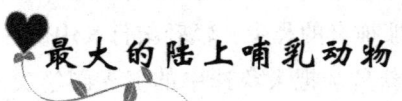

最大的陆上哺乳动物

世界上最大的陆上哺乳动物是大象，现在只有亚洲象、非洲象2种，以非洲象身体为最大。

非洲森林象耳朵圆，个体较小，一般不超过2.5米高，前足5趾，后足4趾（和亚洲象相同），象牙质地更硬。最近根据基因分析证明它和非洲草原象不是同一个种类。非洲草原象和非洲森林象有着明显不同的遗传特征，其外表特征也有很大的差别：森林象体形较小，耳圆，象牙较直且呈粉红色。过去在非洲雨林中还发现过体形更小的倭象，现在被认为是非洲森林象的未成熟个体。足下肉变大，更适应缺水的生活，非常知道节约用水，而且会在沙漠中寻找水源。

非洲雄象生活在非洲热带雨林中，大多20~40只群居，有一定的活动范围，以草根、树叶、野果等为食物。大象的长鼻子是退化了的上唇，鼻端有一个指状突起，十分灵巧，具有鼻、唇、手的作用，可拾起地面极微

小的东西。它的长牙除作为争斗武器外，还是挖掘地下草根和探测地质坚硬程度能否支撑身体的工具。

大象喜欢洗澡，洗澡后还喜欢把泥杂草撒在身上，这是因为在洗完澡后，象皮肤血管扩张，散发一种特殊气味，会招来昆虫蜇咬，为了保护皮肤，并驱赶昆虫，它便采取了这种方法。

在哺乳动物中，最长寿的动物是大象，据说它能活60～70岁。当然野生场合和人工饲养是不同的，前者的寿命短些。据记载，哥拉帕格斯群岛的长寿象能活180～200岁。

懂得绘画的大象

在美国亚利桑拿州的菲尼克斯动物园里，有一头与众不同的名叫"鲁比"的雌象。鲁比与其他大象的不同之处在于它懂得绘画。在鲁比绘画时，会有一个人拿出一只画架、一块铺开的油画布、一盒画笔以及几罐固定在一块调色板上的丙烯颜料。鲁比会用它那神奇的鼻尖，轻轻敲打其中的一罐油彩，然后点了一支画笔。此时，饲养员会把大象选中的那支画笔尖，在这罐油彩中蘸了一下，然后递给鲁比。有时，鲁比会暗示饲养员让同一支画笔反复蘸上同一种色彩，或者画了几笔后要求调换画笔和颜色。

通常，鲁比画了大约10分钟之后，便放下画笔，从画架边后退几步，以此表示它的作品已大功告成。有时，饲养员会试图哄它继续作画，只要鲁比觉得作品已经完成，它就会拒绝在上面再添加任何色彩。偶尔，大象也会兴致勃勃地做出动作，暗示饲养员要一块新的油画布，准备创作第二幅作品。不过，一般它每次只画一幅画，颇有些大画家的派头！

大象为什么绘画？科学家经过与鲁比的几次接触后，这个答案似乎已显而易见。大象喜欢绘画，是因为绘画能够给它带来欢乐。除了这种解释之外，还有其他几种解释。有人认为绘画是大象的一种特殊的"取代活动"，也就是一种基于本能强烈欲望的活动。譬如，大象在野生状态下有一种折断或摇动树干、树枝的欲望，但是在围养中这一欲望无法得到满足，于是就萌发了挥动画笔的愿望，并逐渐升华到在油画布上绘画的艺术境界。

也有人说，大象学会绘画本领是为了社交的缘故，作为勾起人注意并加以赞赏的一种手段。还有人说，大象画家和人类画家一样，有一种强烈表达内心世界的愿望，特别是一些人类抽象派画家，而鲁比也具有强烈的运动色彩、线条和它的视觉描绘的愿望，这一点是无法排除的。

狼嗥的秘密

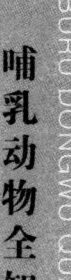

长期以来，不少猎人和科学家对狼的各种叫声作了艰苦的探索，从而揭示了一些秘密。

当一头饥饿的狼捕到猎物时，它并不像人们料想的那样立即啃噬，而是先站在猎物前久久地大声嗥叫。这是为什么呢？以前人们认为这是狼在抒发成功的喜悦之情。然而，最近动物学家发现，当成功者嗥叫时，远处就会传来同类的响应，这就为解谜提供了线索。原来，猎食的任务通常是由狼群中年轻力壮者承担的。在追捕猎物时，它们难免彼此要拉开很大的距离，于是就依靠嗥叫来互相报告当时所处的位置。狼嗥传递信息的有效距离为 8～10 千米。同时，等待会餐的狼群中的其他成员，也能根据嗥叫声毫不费力地找到捷足先登者。

狼嗥作为狼的"语言"的一种，表达的是它强烈的情感，比如高兴、哀伤、惊慌、不满、恐惧。美国一位学者还指出，每个狼群都有自己的"方言"，而且狼群与狼群之间的关系是敌对的。为了各守疆域，狼群就用嗥叫来警告对方不得逾越雷池一步。

狼吠也是一种狼的"语言"，类似于人类间的交谈或打招呼："怎么啦?"

咆哮是狼表示警告或威胁的"语言"。当成年狼想制止幼狼的擅越行为时，就会咆哮。对于狼崽来说，如果听到交替出现的咆哮声和吠叫声，则表示"危险"降临，均会飞快地钻入洞穴中。如果是狼群中的头狼发出咆哮，这意味着它十分不满意自己属下的行为。

有时候，狼还会发出一种类似于人类的嘤嘤啜泣声，这实际上是成年狼在与狼崽谈心。狼崽一般在 4 月末 5 月初降生。最初 3 周内，狼崽是绝不出洞的。等狼崽长大些后，母狼便会以"嘤嘤啜泣"般的柔声，召唤自己

的孩子爬出洞穴。当狼崽为躲避危险而藏起来时，事后母狼也会以"嘤嘤啜泣"来安慰它们：危险已经过去。有时候，母狼会将狼崽交给老狼照看，而自己去猎食。如果母狼迟迟未归，狼崽就会开始嗥叫，但只要嗅到母狼渐近的气味，惊慌的嗥叫声就会立即变成欢快的"嘤嘤啜泣"声。

有时候成年公狼也会"嘤嘤啜泣"，这是当它们走近头狼时表示"恭敬"和"俯首听命"的意思。

对于其他动物来说，狼的叫声同样也包含有众多的信息。比如，当听到狼嗥时，其

狼

他体型较小的兽类就会知趣地绕道而行。相反，当狼获得猎物而用嗥叫呼唤同伴前来会餐时，乌鸦也会循声飞来，以便争得可观的"残羹剩菜"。

动物界中最吵闹的成员

吼猴的分布范围比任何一类新大陆猴都广泛，从墨西哥南部一直到巴拉圭和热带的阿根廷，都有其足迹。根据吼猴的体色明显不同、身体结构上的差别，动物学家把它分为5种，主要有红吼猴、黑吼猴和红手吼猴。

吼猴是动物界中最吵闹的成员，它们喉部特大，喉内的舌骨像个盒式共鸣器，雌雄猴都有，但雄猴比雌猴长得大些。吼猴吵闹起来，在1.6千米以外都可以听到。吼猴的吼叫声，在新大陆猴类中是最响亮的。它们的吼叫声，开始是时断时续的咆哮，接着像一连串隆隆的鼓声。声音从喉部发出，然后由脖子内的盒式共鸣器扩大音量，这种音量差不多要比和它个头相当的兔猴大24倍。吼猴收缩胸部和腹部肌肉，压出空气，通过共鸣器上端一个口发出洪亮的吼声。

吼猴性喜群居，据美国心理学家 C·R·卡彭特在巴拿马的巴罗科罗拉多岛考察，每群平均 3 只成年雄猴，7~8 只成年雌猴，再加上小猴，一共约 17~18 只。同一个群中猴子之间通常关系融洽，除小猴因嬉戏而争吵以外，成猴间虽偶尔也会发生冲突，但很快就会平息。尽管猴群中也有一只年富力壮的雄猴为王，但没有发现妒忌，雌猴在发情期主动找伴侣，当雄猴满足后，它可以再物色另外雄猴当作伴侣。

每个吼猴群各自占有一定地区，群与群之间常有地区交错现象。一旦发生领地冲突时，通常不会发生"你死我活"的肉搏战，代替的是吼声战。如果入侵群的吼叫声压倒了主人群，后者的领地就被占领；反之，入侵群只好乖乖地退出。有时，一只食肉猛兽也会潜近猴群，此刻，众猴就向来者齐鸣，警告它："我们是不好欺侮的"。假如人在吼猴出现的地方模仿它们的吼叫声，它们听后也会很快以吼叫声来回敬。虽然吼猴不会攻击人，但当它们愤怒地吼叫着向人逼近，情景也是颇可怕的。

一群吼猴在树上行动时，总是成单行前进，树枝就是它们的公路。一般是一只大个头的成年雄猴在前面带路，由另外一只成年雄猴在后，雌猴走在领头之后，携带幼仔的雌猴往往靠近排尾。不过，偶尔也有顽皮的小猴会跳到前面占排头的位置，但是时间不会太长。如果遇到紧急情况，吼猴也会在树林中腾空飞跃。

吼 猴

吼猴是正宗素食者，树叶、果实和种子它们都吃，每天觅食时间是 2~4 个小时。它们采食方式与一般旧大陆猴子不同，不是采摘食物并捧在手里吃，而是靠能缠卷的尾巴倒悬在树上，直接用嘴啃树枝的叶和果，或用尾巴把食物拖过来吃。吼猴吃树叶时有很好的辨别能力，它们只选择树上含毒素最少的部分，如叶柄、成熟的果实和嫩叶来吃。一场大雨以后，人们还可看到吼猴舐叶子上的水，或是用手去接从树上流下来的雨水。但是在干旱或繁殖过多时，它们迫不得已去吃那些含有超量毒素的树叶，这常常可以使它们致命。

智力出众的卷尾猴

凡是观察研究过卷尾猴的科学家，几乎都认为卷尾猴是一种非常聪明的动物，在这方面可以与卷尾猴抗衡的只有黑猩猩。

美国芝加哥大学心理学家海因里希·克拉佛博士的实验证明了这一点。他把一只饥饿的卷尾猴的腰部拴起来，在它够不到的地方放一只香蕉，室内还有一只系着一根绳子的老鼠。用不了半分钟，卷尾猴就会抓住拴在老鼠身上的那根绳。把老鼠扔到香蕉附近，老鼠一抓到香蕉，卷尾猴就把老鼠和香蕉一起拖了过来。第二次试验没有在鼠身上拴绳子，卷尾猴这次抓的是老鼠尾巴，仍然能够取到香蕉。克拉佛博士在实验中还发现，卷尾猴不但能很快学会使用各种工具取得食物，而且还能解决使用一种以上工具所引起的许多问题。例如，这只卷尾猴用一只铁丝钩子钩住一根短的"T"形手杖，以此击倒一根长的"T"形手杖，使它能够用这根长手杖把食物拖过来。它还知道怎样制造工具，比如把报纸撕开卷起来作成耙子，或者将固定在桌子腿上的木棒拆开当耙子使用。所以，人们称卷尾猴为"猴子技工"。

克拉佛博士曾为新大陆和旧大陆的猴子们放映电影，这些猴观众中只有卷尾猴有过明显的准确的反应。接受过使用工具实验的那只母卷尾猴，看电影时注意力十分集中，看到它感兴趣的镜头时，它会兴奋地吱吱叫。当一条大蟒蛇出现在银幕上时，

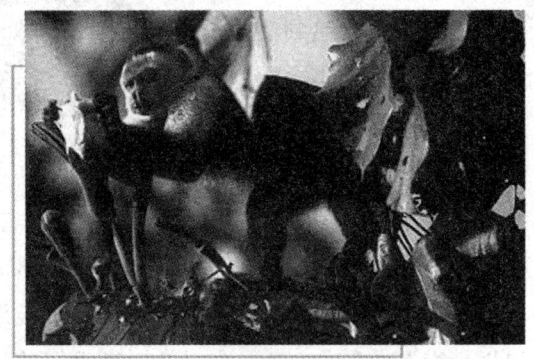

卷尾猴

它怕得要命，吓得屁滚尿流，还要躲到看不见银幕的角落里去。

卷尾猴分布在中美洲和南美洲的热带森林中，是典型的树栖动物，除饮水外很少下地。由于它常用尾巴倒悬在树枝，故有"悬猴"之称；又因为它的叫声像哭泣，所以又叫其"泣猴"。这种猴生命力很强，性情温和，因而在许多动物园都有喂养。

惹人喜爱的狨类

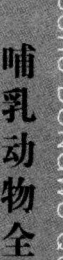

狨类是长得十分有趣的小动物，珠子般的眼睛、大耳朵、长尾巴和浓密的体毛，有的种类头上还长着滑稽的耸毛，有的种类则是下垂的俾斯麦式的大胡须。它们和新大陆的其他猴类不同，手指和脚趾上长的是爪子，而不是指甲，只是在又短又粗的大趾上有一片扁平的指甲。从整体形状和动作来看，狨类很像松鼠，如用爪子爬树、休息时的姿态和在树上蹦跳的样子，都和松鼠相似，不过它们比松鼠还要灵活，所以有"超松鼠"、"松鼠猴"之称。

狨类的嗓门很高，能发出各种各样的声音，喊喊喳喳地听起来好像是在谈话。因为它们个儿小，喜欢栖居在树木的冠层，所以往往使人只能听到其声而见不到其影。狨类的叫声很像鸟鸣，当地人们称这类小猴为鸟猴，可能也出自它们的叫声。一般猴子是一胎1仔，而狨类则是一胎2仔，有时甚至3仔。更为特别的是公狨照料幼仔，整天背着它们走来走去，到了哺乳时才交给母狨，这在猴类王国里是十分罕见的。

已知的狨类约有36种，基本上都分布于南美洲的热带雨林中，仅个别种生活在北面的巴拿马和毗连巴拿马的哥斯达黎加某些地区。其中倭狨，不算尾巴（长约12厘米）只有8~10厘米长，120~130克重，不仅是世界上最小的狨，而且还是最小的猴子呢！许多种狨分布范围狭小，这或许是它们不愿意离开树林的缘故。如果你把狨扔到水里，它们会游得很好，但是它们自己不愿意冒这个险。

狨类主要吃昆虫，也吃蜘蛛、蠕虫、卵类和种子、野果等，这些食物在热带雨林里多得很，它们根本不愁找不到东西吃。科学家在研究狨类食性中发现2个有趣的事情：①狨类长期不吃昆虫，它们的寿命就会大大缩

短；②少数种类，如黄头狨，却嗜食树胶，不过在找不到树胶时，也捕食昆虫。

狨类体型小巧，举止可爱，再加上一副勇敢的外表，至少从莎士比亚时代以来就成了人们的宠物，那时的时髦仕女们都把狨装在袖口里带来带去，特别在一些宴请和聚会场合，谁要是不带上一只狨就会大失体面了。亚马孙河流域的印第安人，特别喜欢长须猾，因为它们不但面貌出众，还能给主人在头发里捉虱子。

濒临灭绝的亚洲狮

亚洲狮又称印度狮，仅产印度西部，是唯一生活在非洲以外的一种狮子。与非洲狮相比，亚洲狮身躯略小。

亚洲狮与非洲狮相比，亚洲狮身躯略小，体长 1.2～1.7 米，雄性 1.7～2.1 米，体重 100～200 千克，亚洲狮的雄狮不但脖子长有长长的鬃毛，在它的前肢肘部也有少量长毛，而它的尾端球状毛也较大，被毛较厚、体毛丰满。幼狮有斑点，毛色以棕黄为主。

亚洲狮成群一起生活，也常集体捕食，但大多是母狮捕食，雄狮则坐享其成。它们由一头狮子将猎物赶到其他狮子的下风，然后一起扑向猎物。它们吃饱后需喝大量水，而亚洲狮生活的区域属于热带季风气候，雨季时间很少，时常出现干旱，因此捕食后常需到很远的地

亚洲狮

方才能找到水源。这种恶劣环境不但使亚洲狮饮水困难，就连它们的猎物也很少。幼仔成活率低也是饮水及食物不足所致。它们还会吃动物腐尸。

自 1757 年印度沦为英国殖民地后，亚洲狮开始遭到了厄运。英国殖民

者将猎杀亚洲狮视为一种娱乐。到了 1900 年，在人类 100 多年的捕杀之下，亚洲狮已经十分稀少，此时一些动物保护者开始宣布要保护亚洲狮，但仍有人偷偷进行捕杀。

到 1908 年，亚洲狮只剩下最后 13 只，为了不让它们彻底走向灭绝，人们把它们全部捕捉进行人工饲养，从此亚洲狮在野外消失了，并被宣布野外灭绝。人们为了能亚洲狮更好的生存和繁殖又把它们放到了印度西部的吉尔森林中并建立了保护区。截止至 2008 年底，亚洲狮虽繁殖有 350 多只，但由于全部是 13 只祖先的后代，已经形成了种族退化，极容易受疾病和基因的影响而导致全部灭绝。

❤ 牛羚的大迁徙之谜

非洲的大草原一望无垠，在这片广漠的大草原上栖息着一种称之为牛羚的牛科食草动物。其身高 1.3 米左右，角小，在咽喉下有白色长毛。由于牛羚没有用作武器的大角，所以成为狮子等食肉动物的猎物。

这种牛羚每年旱季和雨季反复 2 次的大迁徙，成为动物世界中的一大奇观。据生态学家们估计，栖息在非洲热带大草原的牛羚超过 100 万头。它们到底为什么要在旱季和雨季反复 2 次大迁徙呢？如果说仅仅是为了饲料，那么其他食草动物为什么不做同样的迁徙呢？对此，专家们认为，在牛羚生长的这一带，其雨季和旱季的

牛羚

环境变化比较明显，生长的植物也由季节来决定。其他的食草动物为了适应环境的变化，随着季节的改变而改变所吃植物的种类或部位，以便能顽强地适应环境繁衍下去。但是对于近 100 万头牛羚来说，这么点饲料怎么也

不够。为了确保充足的饲料，它们寻雨，寻找雨后新长出的嫩草，在大草原上迁徙。这种迁徙一定是经过几百代、几千代的重复才成为牛羚掌握自身生存、繁衍后代的最佳办法。

但是，在这漫长历程的大迁徙中充满了艰辛和死亡的威胁：狮子等食肉动物的侵袭，抢渡马拉河时可能出现的溺死和被栖息在河中的鳄鱼吞食等危险。面对这一切死亡的陷阱，牛羚群显得是那么安详，依旧执著地继续前进。据当地的向导告知，这个时期牛羚将拼命赶到马拉河边的某处，从陡峭的坡上奔腾而下，跳入河中，游过深 50 厘米、宽 40 米的马拉河。

渡河结束后的牛羚群会因为渡河成功而兴奋地发出了呜呜的吼声，兴致勃勃地来回走动。不久，牛羚群会重新列队，仿佛刚才什么事也没发生似的，又安详地开始向南行进，在地平线的那一边有牛羚最喜欢吃的植物，正等待着它们的到来。

奔跑速度极快的野猪

世界上究竟有几种野猪，专家们意见不一。据一些专家考查共有 8 种：产于欧亚两洲的野猪；东南亚疣猪；非洲有疣猪、森林野猪和河野猪 3 种；美洲有 3 种西貒（白唇貒、颈锁貒和环颈野猪），一般也叫野猪。

在 8 种野猪里，哪一种是家猪的祖先呢？目前虽然尚有些争议，但一般认为广泛分布于欧亚两洲、我国南北各地都产的野猪是猪的原种，也就是家猪的祖先。

野猪的个头没有家养的老公猪大，体长约 1.2 米，高在 60~90 厘米之间，一般体重约 120~150 千克，少数老公野猪能长到 200 千克。在外貌上，基本像家猪，但差别在于：①身体和头部扁而长，四肢也较细长；②体毛又长又硬，好似松针；③蹄子尖锐，便于奔跑；④犬齿特别发达，雄野猪尤甚，最长的能达到 25 厘米以上，并向上方翘起，成巨牙状的"獠牙"；⑤两耳永远挺立，从不贴落；⑥幼野猪身上全带条纹，3~4 个月后才全部消失。

野猪生性凶猛，会袭击人类，追咬马匹，遇上老虎也敢于搏斗。在我国东北兴安岭森林里，常有野猪群出没。东北豹子遇到野猪群，也不贸然硬攻，因为它们似匕首的长獠牙不好对付，只好远远地咆哮恫吓。当野猪成群逃窜的时候，东北豹子便尾随追踪，野猪群在长距离奔驰中，难免有落后的野猪，这就成了豹子的美餐。鸟王金雕身长 2 米，双翅展开宽 4 米，凶猛刁狠，觅食时看到野猪群，竟敢拍动双翅，在"嘶嘶"声中从它们头上闪过。野猪仔吓得嚎叫逃命，金雕就低空飞掠疾追，野猪仔在峡谷中往来逃窜，越跑越慢，金雕在呀呀声中俯冲下来，用尖嘴啄瞎猪眼，最后野猪仔成为金雕腹中之物。可是，金雕虽然凶狠而狡猾，但见了成年野猪就无可奈何了。

野 猪

野猪是杂食性动物，又十分贪食，无论是生的熟的、活的死的、荤的素的，都来者不拒。对于农作物常常会盗一大片，所以是农民之敌。因为野猪机灵凶猛，奔跑快速，猪嘴的爆牙尖锐，鬃毛和皮上涂有凝固的松脂，猎枪子弹也不易射入，因而要捕捉一头野猪总得出动几支人马，分头围猎。

称雄澳洲的野狗

野狗是澳大利亚唯一的大型食肉兽，是澳洲大陆高等哺乳动物的代表。那么，它来自何方？是外部引进，还是土生土长？是野生，还是家养？是害兽，还是益兽？众说纷纭。

在动物分类学上，野狗属于犬科，是家犬的亚种。犬科动物包括家犬和野犬，也包括豺和狼。野狗的全称是"澳洲犬科野狗"，外号叫"澳洲红狼"。但它似狼非狼，长着一副狼脸。性情比狼温顺，比狗凶残。

野狗的皮毛有 3 种颜色：80% 以上是红色或黄色的，15% 是黑色或褐色

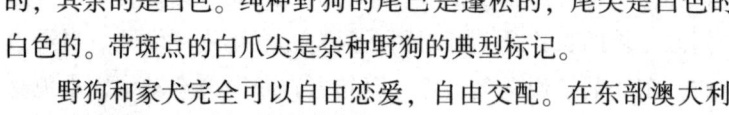

的，其余的是白色。纯种野狗的尾巴是蓬松的，尾尖是白色的，爪尖也是白色的。带斑点的白爪尖是杂种野狗的典型标记。

野狗和家犬完全可以自由恋爱，自由交配。在东部澳大利亚，有75%以上的野狗具有家犬的遗传基因。

绝种野狗每年只繁殖1次。雌性野狗在秋季发情，经过63天的妊娠期，于冬季产仔，每胎4~6只。野狗的产房很多，地窖、岩缝、树洞，甚至把废弃的兔窝略加扩展，就可暂做产房和育婴室。幼仔长到4~5个月，就要离开双亲，出窝自立。野狗天敌很少，刚出生的幼仔有时被蛇、鳄和老鹰吃掉。

年轻的野狗在离窝寻找自己的生活场所的期间是它最不稳定的时期，常遭天敌袭击，死亡率很高。因而有些刚成年的野狗不愿意出窝，与老狗挤在一起，或等着老子死亡，自然继承房产。

野狗的社会构成是结合松散的狗群，每个狗群成员的可变性都很强。各个狗群都有各自的势力范围，这种势力范围在动物学上叫做"群落领域"，也叫"占地"。占地大小以及占地场所可随狗群强弱变化。野狗的生存竞争全仰赖于这种社会构成。集体捕食、集体御敌，是野狗生存竞争取胜之道。小型猎物由单个野狗去捕获，大型猎物则群起而攻之。一旦遇有外敌入侵，便群体协作大兵团作战，打退来犯之敌。

有些学者观察到，澳洲野狗进行有规律性的迁徙活动。夏季奔向西部地区，冬季返回东南沿海地区。迁徙路线具有习惯性和固定性。

野狗的食物主要是野生小型动物。在澳大利亚东部，它们吃袋熊；在中部地区，它们常吃兔子。不论在哪个地区，袋鼠都是野狗的捕食

野 狗

对象。有时它们也到城市边的垃圾场去找食吃。

野狗的寿命还没有准确的统计数据。个别动物园饲养的野狗，寿命最长的是14岁9个月。

回归的麋鹿

麋鹿是中国特有的动物，也是世界珍稀动物。善于游泳，再加上宽大的四蹄，非常适合在泥泞的树林沼泽地带寻觅青草、树叶和水生植物等植物，栖息活动范围在今天的长江流域一带。野生种后因被人类捕杀而灭绝，残存的麋鹿都被饲养在皇家的园林中。八国联军侵入北京后，所剩麋鹿都被运往欧洲，经过繁殖，数量不断增加。20 世纪 80 年代，麋鹿重归中国。目前，麋鹿总数已达到 2000 多只。

麋鹿体长约 2 米。雄性肩高 0.8 ~ 0.85 米，雌性 0.7 ~ 0.75 米，幼体体重：35 ~ 40 千克（雄），24 ~ 28 千克（雌），一般雄麋鹿体重可达 250 千克。角较长，每 2 年脱换一次。雌麋鹿没有角，体型也较小。因其头似马、角似鹿、尾似驴、蹄似牛而俗称"四不像"。麋鹿仅雄鹿有角，而且站立时，各只角向后，是在鹿科动物中独一无二的，颈和背比较粗壮，四肢粗大。主蹄宽大能分开，趾间有皮腱膜，侧蹄发达，适宜在沼泽地中行走。夏毛红棕色，冬季脱毛后为灰棕色；初生幼仔毛色橘红，并有白斑。尾巴长用来驱赶蚊蝇以适应沼泽环境。

雄性小麋鹿在 2 岁时长角分叉，6 岁叉角才发育完全。头大，吻部狭长，鼻端裸露部分宽大，眼小，眶下腺显著。四肢粗壮，主蹄宽大、多肉，有很发达的悬蹄，行走时代带有响亮的磕碰声。尾特别长，有绒毛，呈灰黑

麋 鹿

色，腹面为黄白色，末端为黑褐色。夏季体毛为赤锈色，颈背上有 1 条黑色的纵纹，腹部和臀部为棕白色。9 月以后体毛被较长而厚的灰色冬毛所取代。

麋鹿的自然繁殖力很低，雌麋鹿的怀孕期比其他鹿类要长，一般超过9.5个月，每胎只产1仔，且存活率很低。初生的幼仔体重大约为12千克，毛色橘红并有白斑，6～8周后白斑消失，出生3个月后体重将达到70千克。2岁时性成熟，寿命为20岁。

麋鹿作为野生种群早已绝迹多年。1986年8月14日，在世界野生生物基金会和中国林业部的共同努力下，来自英国7家动物园的39头麋鹿返回故乡——江苏大丰，放养在大丰麋鹿保护区。目前，中国麋鹿主要分布在三大保护区内，即江苏大丰麋鹿国家自然保护区、北京大兴麋鹿苑、湖北石首麋鹿国家级自然保护区。经过繁衍扩大，现已达到1000多头。江苏大丰麋鹿保护区有着世界上最大的野生麋鹿种群，约52头麋鹿在这里被野化放归。在世界上首先建立了完全摆脱对人类依赖、可自我维持的麋鹿野生种群，结束了数百年来麋鹿无野生种群的历史。

❤ 狒狒烦恼着人的烦恼

坦桑尼亚赛伦盖提国家公园中的狒狒生活条件还算优越，既不愁吃也不愁病，按说，它们应该快乐无忧地生活，谁料，它们却因为酷似人类社会里的问题，如性别、政治、尊卑顺序及恃强凌弱等，而出现与人类的病症相同的病症：胃溃疡、高血压及胆固醇过高。

美国加州斯坦福大学的研究指出，这些狒狒不必花时间觅食，也不受疾病及天敌威胁，使得它们多半时间在烦恼着西方人所烦恼的事情。

这些狒狒中，日子过得最好的就是那些人缘最佳，属于地位最稳固的阶层；最容易生病的则是神经兮兮的，永远在乎别人怎么看待自己。主导这项研究的罗伯特·沙波斯基教授在"美国国家科学促进会"上表示："从生态学的角度来看，应该只有人类享有创造社会及心理压力的特权。"

而赛伦盖提国家公园的狒狒每天花3小时就可以满足热量所需，所以它们也有类似人类创造压力的特权。就因为社交问题复杂，狒狒也会出现溃疡病例。

沙波斯基教授以数群狒狒为研究对象，采集到它们的血液样本，检测其压力激素（也称压力荷尔蒙）、抗体、胆固醇及其他健康指标。还通过观察找出狒狒的团体阶级、个体特质及互动关系。

研究人员还发现有几种雄狒狒的压力激素最低，它们分别是大部分时间都在打扮自己或让不处于发情期的异性打扮，还常陪狒狒宝宝玩耍的雄狒狒。沙波斯基教授说，采取相似策略的人类，可能适应压力的情况也比较好。

狗会察言观色

了解狗，尤其是宠物的心理和它的智能，将会给人们的生活带来意想不到的更多的乐趣。而科学研究深入发展的今天为我们人类了解狗提供了难得的好机会。

狗为什么讨人喜欢，每个人都可能有很多理由。除了它的忠诚、与人作伴等理由外，大多数人都可能会提到一个共同的理由，狗会对人撒娇，这是其天性之一。这反过来说明，狗最能察言观色。究其原因是狗与人有非常漫长的时间共同生活和共同进化，因而狗最了解人的心理，也最依赖人。

专业研究人员的长期研究表明，狗最善于观察人的情绪、意图，并能够学习和维持人类社会的规则。在很大程度上，狗与主人的相互依赖关系就像孩子与父母的关系一样。如果你是狗主人，要注意狗的情绪，除了爱护它，还要与它在感情上进行交流，千万不要冷落了你的狗。

猫打呼噜有助健康

猫在休憩时，喉咙中常会发出呼噜呼噜的声音。有人认为这是猫在打呼，但美国科学家却发现这是猫自疗的方式之一。

人们之所以称猫有九条命，与猫休憩时打呼有密不可分的关系。科学家指出，无论是家猫或野猫，在受伤后都会发出呼噜呼噜的声音。这种由

喉头发出的呼噜声有助于它们疗治骨伤及器官损伤，同时也可使它们更为强壮。

科学家从人类实验中也发现，将人体暴露于如同猫打呼声的音波下，有助于改善人类的骨质。美国北卡罗来纳州区系动物沟通研究所科学家发现，家猫打呼声的声压约在 27~44 分贝，美洲狮、中南美洲豹猫、非洲山猫、印度豹及西南亚野猫等的打呼声声压为 20~50 分贝。这一发现证明，人类暴露于 20~50 赫的音波下，可以增强骨质并促进骨骼成长的理论是正确的。北卡罗来纳州区系动物沟通研究所所长马金瑟纳尔表示，由于猫科动物可借自己发出的音波疗伤，因此"九命怪猫"的传说并非荒诞不经。

科学家指出，某种频率的音波可以刺激猫科动物医疗骨伤的疗程。猫科动物喉头发出的呼噜声，其疗伤的效用就如同人类置身于超音波下疗伤的效用。马金瑟纳尔表示，以上的发现使得"九命怪猫"之谜得以破解。

❤ 古老的大熊猫

我国特有的大熊猫，是世界上最后发现的稀有珍贵大型哺乳动物。在距今约 60 万年前的第四纪更新世中期就生活在我国，故被称为活化石。

大熊猫形似熊而略小，身长约 1.5 米，肩高 60 厘米左右，性情温顺，行动逗人，特别是它毛茸茸而肥胖的身体上，长着黑白相间的皮毛，除头部、腰部为白色之外，前肢到肩、后肢连臀、耳朵、眼圈、鼻尖都为黑色，长相更令人喜爱。

大熊猫栖息地的发生巨大变化是从近代开始的。近几百年中国人口激增和占用土地，很多栖息地消失了。以前，大熊猫曾经生活的在低山河谷，现在已经成了居民点。大熊猫生活在竹子可以生长的海拔 1200~3400 米之间，由于它脚底宽阔、长有肉垫，并密生着黑色长毛，所以在竹林中行动，一点声音也没有。其祖先本来是吃肉食的，后来逐渐转化吃植物，并且最爱吃箭竹的笋与嫩枝，每天要吃 10 千克。

大熊猫繁殖力很低，每胎 1~2 仔，刚出生的小仔，小得只有目前体重的 1%，全身无毛呈肉红色，而且不能睁眼。1 年后就可长到几十千克重。

大熊猫外出时，则把孩子噙在嘴里或者驮在背上，一刻也不让离开。直到 2 年后，小仔学会了爬树、游泳、觅食等各种生活本领时，母子才各自分手独立生活。

大熊猫一直被称为中国的"友好大使"，积极促进了中国与外国的友谊和相互了解。据报道，公元 685～1982 年，中国 3 个朝代一共向国外赠送了约 40 只大熊猫。其中，公元 685 年由武则天赠送给日本天武天皇 2 只大熊猫；1936～1945

大熊猫

年，中国国民政府向西方国家赠送了 14 只熊猫。新中国成立后，熊猫去处更是反映了当时的中国外交政策：50 年代，中国向苏联赠送了 2 只熊猫；60 年代，熊猫受到冷落，除了向朝鲜赠送之外，没有向任何其他国家赠送。到了中美关系解冻的 70 年代，熊猫突然在西方走红，美国、日本、法国、英国、西德、墨西哥和西班牙相继获赠大熊猫。

美丽可爱的金丝猴

我国陕西甘肃、四川、云南、贵州等地海拔 2500 米以上的大森林里，生活着一种我国也是世界上特有的非常珍贵的猴子，名叫金丝猴，其浑身披着赤褐色的长毛，柔密得像丝绒一般，肩部的长毛竟有 30 厘米长，两颊、喉部和颈部的毛，呈金红色，头顶的毛为红褐色，肩、背、尾毛则是深灰色，在阳光照耀下，发出闪闪金光，远看就像披了一件华丽的锦袍，因此人们都美称其金丝猴。

金丝猴体长约 70 厘米，尾长约与体长相等或长些。鼻孔大，上仰。唇厚，无颊囊。背部的毛长发亮，颜色为青色，头顶、颈、肩、上臂、背和尾的毛为灰黑色，头侧、颈侧、躯干腹面和四肢内侧的毛为褐黄色，毛质十分柔软。因其鼻孔极度退化，即俗称"没鼻梁子"；又因其鼻孔仰面朝

天，所以又有"仰鼻猴"的别称。由于金丝猴的鼻子是朝天翘着，每逢下雨或刮大风时，它就用手或尾巴来掩盖住鼻孔，不让雨水和尘土落进去，因此人们见它捂着鼻子，还以为它是害臊哩！

金丝猴性情温顺，机警灵敏，善跳跃，爱嬉戏，如果遇到敌害，它能以40多千米/时的速度逃跑。此外，金丝猴的记忆力也特别好。动物园里曾经发生过这样一件事：一只猴王脾气很坏，抓、咬饲养员。饲养员很生气，有一次惩罚了猴王打了它的屁股。后来饲养员调到其他

金丝猴

单位工作去了，事隔半年，他回来看望金丝猴，猴王在众人中一下子认出了他，为了报仇急忙寻找土块作为"武器"朝那位饲养员头上扔去，弄得饲养员哭笑不得。

♥ 玲珑可爱的袖珍袋鼠

提起袋鼠来，人们可能都知道著名的澳洲大袋鼠，它是世界上最大的有袋类动物，但还有一种很小的袋鼠，人们却不熟悉它。

在南美洲有一种袖珍袋鼠，其个头只有家鼠那么大，它有一双圆溜溜的大眼睛和一条光秃秃的大尾巴。也有一个小得可怜的就像肚脐上钻了个小孔的育儿袋，当幼鼠生下来时，只有米粒那么大，然后进入育儿袋里生活成长。这种小袋鼠每次吃过食物后，都要用舌头把整个脸部清洗一番，其爱洁癖和家猫一样。由于它的个头太小，又没有自卫本领，所以一旦遇到敌害，就只有躺下装死，连手拉脚踢，它也不动，当你稍一疏忽，它却很机灵地一跳而起，逃之夭夭了。

凶猛美丽的东北虎

老虎是亚洲地区的特产，现存有 8 个亚种，分布在十几个地区，其中产在我国东北小兴安岭、长白山一带的东北虎，更是世界虎类中最大最美的虎，号称"百兽之王"。

东北虎似猫而大，体重为 250 千克以上，身长可达 3 ~ 4 米，身高约 1 米，尾长也有 1 米左右。东北虎的体色夏天为棕黄色，冬天则为淡黄色。其背部和体侧具有多条横列黑色窄条纹，通常 2 条靠近呈柳叶状。头大而圆，前额上的数条黑色横纹，中间常被串通，极似"王"字，故有"白额虎"之称。耳短圆，背面黑色，中央带有 1 块白斑。栖居于森林、灌木和野草丛生的地带，昼伏夜出，以野猪、獐、鹿等活动物为食，每饱餐一顿可几天不食，通常每胎产 2 ~ 5 仔，每 2 ~ 3 年繁殖一次，成龄为 3 ~ 4 岁，寿命可达 30 ~ 40 年。

东北虎

虎是兽类中最凶猛的动物，它具有多种进攻本领，既善跳跃、奔跑，又会泅水、隐蔽，加上锐利的牙爪与强劲的尾巴，而且力大凶猛，吼声如雷，使任何动物一见而退避三舍，故有"谈虎色变"之感。但其实东北虎在在正常情况下是不会轻易伤害人畜的，它是捕捉破坏森林的野猪、狍子的神猎手，而且还是恶狼的死对头。为了争夺食物，东北虎总是把狼赶出自己的活动地带。东北人外出时并不害怕碰见东北虎，而是担心遇上吃人的狼。人们赞誉东北虎是"森林的保护者"。

据统计，野生东北虎现存数量只有 400 多只，大部分分布在俄罗斯，在

动物知识全知道

DONGWU ZHISHI QUAN ZHIDAO

中国的数量不足20只，朝鲜半岛已经再没有东北虎的踪迹。我国早在20世纪50年代就将东北虎列为国家一级保护动物，并严格禁止捕猎。

猎食本领高超的美洲虎

在美洲大陆上最凶猛的动物是美洲虎，它虽被称为"虎"，实际上并没有一点虎样，从外形和毛色看，倒很像一只凶恶的金钱豹。只是其比金钱豹更强壮、更大，身上的斑点也大。美洲虎和豹一样也有较多比例的黑色种，一般黑美洲虎都在森林深处被发现。

美洲虎食性来源广泛，它们吃一切能捕到的动物，包括龟类、鱼、短吻鳄、灵长类、鹿类、西猯、貘、犰狳以及两栖动物等。美洲虎不只是美洲动物界最可怕的形象，也是美洲畜牧业的最凶恶的敌人。据计算：一只美洲虎平均每年要吃掉60只绵羊、100只山羊、12头牛，以及数以千计的小型动物。美洲虎咬力惊人，它们不同于大多数猫科动物善于咬断猎物的喉咙，它们能用强有力的下颚和牙齿直接咬破动物坚硬的头盖骨，甚至海龟坚硬的外壳。有的美洲虎也攻击人类，但是美洲虎不像狮虎豹有一种发展成吃人的习惯性趋势。

美洲虎

美洲虎的猎食本领很高超。它既会爬树，又善泅水，连栖居树上的猴类、鸟类也难逃它的血口。它可横渡宽广的大河，在水中捕捉鱼类和龟鳖；它经常喜欢在河湖边游动，猎捕来水边饮水的鹿等动物，甚至能捉住奔跑很快的美洲鸵鸟。而且行动十分机敏，精力非常充沛，并会运用隐蔽偷袭的办法，猛然发起攻击，使猎物猝不及防而丧命。

捕食巧妙的非洲狮

非洲狮被称为非洲大地上的"森林大帝"、"众兽之王",也以懒惰笨拙而闻名。但它在集群生活或猎食时,其表现很令人佩服。

非洲狮集群捕食的方式,具有非凡的"战略艺术"。当发现猎物目标时,雌狮便先分路前进,悄悄埋伏到目标可能经过的各个要道路口等待着,雄狮则偷偷接近目标,以迅速、突然、果断的行动发起攻击,将猎物惊跑或冲散,接着一只母狮首先扑上去,逼迫猎物向第二只母狮处逃

非洲狮

遁,后者再将其追到第三只母狮处,直到将其咬死为止,如果猎物逃出包围圈,它们就很少追击,而是重整旗鼓,准备再战。

它们追捕的猎物十分广泛,羚羊、斑马、水牛甚至幼象,都是它们猎食的目标,由于很少单独行动,而且喜欢在夜间活动,因此,经常吃不饱而饿肚子。特别是老年雄狮,一旦患病或受伤,便被群狮所逐,这时它既无追逐本领,又丧失捕食能力,最后则被活活饿死。

长颈鹿的循环系统

长颈鹿是世界上最高的动物,其中最高的从头到脚可以达到6米以上。懂得生理的人,对这样高大动物的循环系统是怎样构成和活动的,都会感到好奇。

事实上,长颈鹿的循环系统的确是奇异而有趣的。长颈鹿的心脏很大,有60厘米长、11.35千克重,像个大水泵,每分钟要泵出68.19升的血液。

其心脏距离脑部有 2 米左右，为了把血液源源不断供应到脑子中，它血压的收缩压竟然高达 350 毫米汞柱。任何动物如果血压有这么高，就会立即发生脑溢血而死。而长颈鹿的动脉血管当还未到达脑部时，便分为成几百条小血管流动，这样压力就大大减少了。另外，长颈鹿的头，可以自如地迅速伸向地面或者抬高起来，这样大幅度地使血液迅速上下流动，任何动物也都无法忍受头晕目眩的痛苦。但是长颈鹿的血管里却有一种特殊的瓣膜组织，当它低头时，脑子下部的血管便自动扩张，以容纳突然增加的下流血液，而抬头时这部分血管又自动缩小，以减缓血流速度的增

长颈鹿

加量。由于长颈鹿的循环系统有上述特殊构造，所以保证了它的正常身体机能活动。

北极地区的流浪汉

北极熊，是陆上最大的食肉类动物之一，生活在人烟稀少、冰天雪地的北极圈浮冰地带，除此，世界上任何地方都找不到它的踪迹。一只成年北极熊体重约 720 千克，力大无穷，一掌就能把体重 350 千克的海豹打昏在地，如果它闯入居民区里，任何坚固的住宅大门，都是不堪一击的。

北极熊被认为是北极地区的"流浪汉"，它整天游荡在冰天雪地里，非肉不吃，非血不吮，常常到水中猎食海豹和鱼类。它奔跑起来时速超过 60 多千米，游泳本领更是高强，能潜水 5 分钟，吃饱时可游到距岸数百千米之外的大海中去旅行。

当它饥饿时，也敢闯入居民的厨房里去偷食，但很少伤人。居民们为了保护这种稀有珍贵动物，只是敲打锅盆或放鞭炮把它吓跑。当它发怒时，

也会威胁到人的生命安全，所以人们都对它敬而远之，尽量不惹它发怒，只有到万不得已时，才用火枪击毙它。

北极熊在冬季也会"冬眠"。不过和很多熊科动物一样，也只是长时间的大睡，并不是真正意义上的冬眠。当进入大睡的时候，它们维持身体持续运转的养料和水分都来自存储已久的脂肪。而在食物匮乏的季节，这些脂肪也是使它们继续维持生命的关键因素。

目前生活在世界上的北极熊大约有2万多只，数量相对稳定。为了保护它们的生存，早在1972年，美国就颁布过法律，除了生存需要，禁止捕猎北极熊。而到了1973年，北极圈内的国家，包括美国、加拿大、挪威、丹麦和前苏联更进一步签署了保护北极熊的国际公约，公约除了限制捕杀和贸易以外，还进

北极熊

一步提出了保护其栖息地以及合作研究的条款。

沙漠之舟——骆驼

骆驼的样子比较奇特，身高2米，体长3米，体重约450千克，四肢细长，走路时膝部相碰。人们都认为骆驼愚蠢笨拙，冷漠懒惰，消沉忧郁，脾气极坏。然而，骆驼自古以来却受到人们的重视，由于它是旅行沙漠中最好的交通运输工具，所以，骆驼被誉为"沙漠之舟"。古代"丝绸之路"畅通不停，骆驼的功劳是最大的，因此，阿拉伯人将其视为"天赐宠物"。

骆驼能长期适应极为恶劣的沙漠生活，是由于它具有许多特殊的本领所决定的：①骆驼的眼睛上有2层厚厚的睫毛，可以抵挡住风沙不会迷眼睛，而且耳、鼻中也有瓣膜似的构造，能够自由开闭，可以发挥同一作用。②它的小腿瘦长，但四只脚却大得像个肉垫，并且有强大的弹性，故走在

沙漠上不会陷下去。③沙漠中缺水，但它血液中含有一种特殊蛋白质，可以维持血液中水分不短缺，加之出汗不多，水分蒸发也少，所以有时十几天不喝水照样可以活动，10个月不喝水仍然可以维持生命。④骆驼的驼峰中储存有大量营养物质和脂肪，可以维持长期缺食和缺水的补给供应。⑤骆驼的脚力和体力都很

骆 驼

好，走长途路比马还快，托上200千克重的东西，每天走40千米，可以连续走上三四天；不托东西时，每小时可跑15千米以上，连续18个小时不停歇。所有这些本领，任何动物都是难以与其相比的。

凶暴可恶的黑熊

我国东北地区的林海中，生活着一种黑熊，俗称狗熊，由于其视力很差，所以当地人都叫它"熊瞎子"。但它行动非常敏捷，特别是听觉和嗅觉十分发达，所以一有动静便会逃之夭夭。

黑熊和棕熊的个性与食性大致相同，一般不主动攻击人，但在交配和产仔时期，却十分凶暴，见人就咬，见什么追什么，连飞鸟的影子它都不会放过。黑熊在发怒的时候，碗口粗的大树一撞就倒。当猎人打中它后，它便凶暴百倍，会像一阵风似的扑上去，如果小肚子受伤，爬不起来，它便四脚朝天，把自己前掌咬得稀烂。在黑熊发怒的时候，喜欢横冲直撞，能把猎人的住所和仓库捣毁。

有趣的是，黑熊最喜欢吃蜂蜜，常被忿怒的蜂群蜇得鼻青脸肿，嗥嗥呼痛，并用前爪扒拉自己的脑袋，其可怜相令人发笑。但是，黑熊的记忆力很差，过后，仍然偷吃蜂蜜。这就是所谓的好了伤疤忘了疼吧！

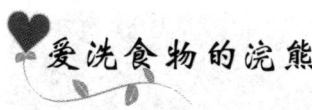

爱洗食物的浣熊

美洲的熊类中有一种叫浣熊的熊，身长约 70 厘米，全身灰褐色，有一条带有 4~5 个黄色环纹的毛茸茸的长尾巴，特别是它长着一双好像隐藏在一副黑色蒙面罩中的小眼睛和两只小黑耳朵，长相猛一看很像我国的大熊猫，非常逗人喜爱。

有趣的是，当它每次逮到虾、蛤、鱼或青蛙等食物时，从不张嘴就吃，总是用前爪抓住，在水里洗来洗去，或者边洗边吃，而且吃的时候，还不停地洗手。要是找不到水，不能洗时，它宁肯饿着也不吃。由于它有洗食的习性，故得名叫浣熊。

有些人看来，冲洗食物是出于浣熊本能的一种习性，如同狗有往土里埋食物的习性、伯劳有往树枝棘刺上串挂小动物的习性一样，这些习性是祖祖辈辈遗传下来的。在动物的习性中，食性变化是最快的。也有人认为，这是浣熊十分喜欢清洁才这样做的。

浣 熊

那么，浣熊真的是讲卫生爱清洁吗？经过人们仔细观察，发现其洗食是爱玩味水中的猎物，当兴尽后再吃大概觉得更有滋味。有时它找不到清洁水时，竟能把食物放在泥汤里，洗得更加肮脏不堪而吃掉，说明它并不是懂得干净或肮脏的。

会散发臭气味的灵猫

在热带、亚热带地区和我国云南、贵州、广西、广东、福建等地，生活着一种具有芳香腺的珍贵动物大灵猫和小灵猫。

大灵猫长着尖尖的脑袋、瘦瘦的身体、短短的四肢、长长的尾巴，全身浅棕灰色，体重 8~9 千克。小灵猫外形与大灵猫相似而较小，体重 2~4 千克，体长46~61 厘米，比家猫略大，吻部尖，额部狭窄，四肢细短。全身以棕黄色为主，唇白色，眼下、耳后棕黑色，背部有 5 条连续或间断的黑褐色纵纹，具不规则斑点，腹部棕灰。四脚乌黑，故又称"乌脚狸"。尾部有 7~9 个深褐色环纹。

大灵猫

灵猫不分大小与雌雄，在腹后会阴部都长有芳香腺，能分泌出有奇异香味的物质，叫做"灵猫香"，是引诱异性的气味剂，并可加工制成高级香料，为四大动物香料之一。但大灵猫还有一种绝技，当它遇到敌人时，又能从肛门腺上放出一种黄色带奇臭的液体，这是它自卫的特殊手段。因此，大灵猫是一种香臭兼备各有其用的珍贵动物。

❤ 会流泪的海狸

动物界有些动物虽然也会哭，但能流出眼泪的动物却很少见，就已知的只有海狸。据说海狸伤心的时候，可以从眼睛里淌出一滴滴像玻璃球般的眼泪来。有时在别的情况下，它也会流泪的。

海狸也是一种好斗的小动物，根据人工饲养观察，如果把一对陌生的雌雄海狸关在一个笼子里，它们就会发生激烈的搏斗。所以人们就先用金属网把它俩隔开，经过两个在一笼中隔离独立生活 6 昼夜后，二者便会和好，这时只要把隔网取开，雄海狸便会自动走近雌海狸身边，而且眼睛里马上便淌下一颗颗晶莹的泪珠。雌海狸也同样如此。这是一种友谊信任的标志，它表示敌对已告结束，开始言归于好。

海狸不仅可以流泪，还十分喜欢筑坝。它们喜欢全家合力用石块、树枝和淤泥筑成的水坝。挖淤泥时，海狸把河底的泥抱在胸前潜出，很辛苦但样子很可爱。当然，海狸的坝没什么特别的用处，搞不成水电站，但对人类也没有害处。可能它们在劳动中享受到了愉快，没事看看这条大坝，心里也很高兴。海狸的巢高于水面1米多，像湖心凉亭。巢顶有一间房子，是幼海狸取暖的地方，房子下面有4~6条隧道，通向水下。

♥ 鄂温克人的宝贝——驯鹿

我国东北地区大兴安岭北坡的原始森林里的鄂温克人，饲养着一种被他们看作是宝贝一样的动物——驯鹿。

驯鹿的长相非常美丽，雌雄头上都长着1对像珊瑚一样的大弯角。其体型如牛，尾短颈粗，身躯粗实有力，腿长蹄大，矫捷善走，是鄂温克人驮运物品、拖拉雪橇的重要役畜，被称为"林中之车"。

驯鹿非常聪明而温顺，记性很好、遵守纪律，易于驯养，平时任它自由觅食，以草类苔藓、地衣、树枝等为食。其唯一有求于人的是希望给它吃点食盐。它的体毛分为内、外2层，内层是又密又厚的绒毛，御寒和保温性很好；外层是又粗又长的针毛，是一种最理想的"风雪衣"，再加上其皮下

驯 鹿

脂肪很厚，所以在 -40℃ 的严寒下，也毫不在乎。

驯鹿最惊人的举动，就是每年一次长达数百千米的大迁移。春天一到，它们便离开自己越冬的亚北极地区的森林和草原，沿着几百年不变的路线往北进发。而且总是由雌鹿打头，雄鹿紧随其后，秩序井然，长驱直入，边走边吃，日夜兼程，沿途脱掉厚厚的冬装，而生出新的薄薄的夏衣，脱

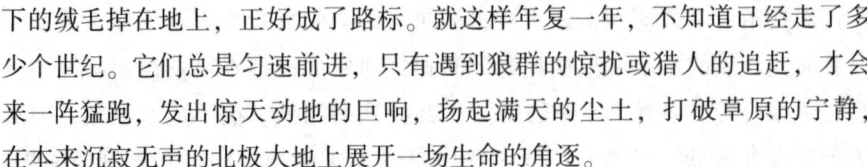

下的绒毛掉在地上，正好成了路标。就这样年复一年，不知道已经走了多少个世纪。它们总是匀速前进，只有遇到狼群的惊扰或猎人的追赶，才会来一阵猛跑，发出惊天动地的巨响，扬起满天的尘土，打破草原的宁静，在本来沉寂无声的北极大地上展开一场生命的角逐。

♥ 与世无争的青羊

我国华北、东北、西南和内蒙古等地，生活着一种野生羊类中最珍贵的青羊，它形似山羊，但颏下没有长胡须，毛色棕灰，雌雄都长着 1 对乌亮而短直的角，不喜群居，常独自一个过着流浪汉式的生活，早晚出来觅食，白天在乱石堆中休息。

青羊一身跑跃本领，断崖峭壁可一跃而上，遇到危险，跃下40 多米深的山谷毫无损伤。此外，青羊还善于长跑，一口气能跑 4个小时，可达 75 千米。

这种羊性情温和，很少斗殴，还有爱管闲事的脾气，当它看到别的动物厮斗时，会自动过去"劝阻"，猎人们利用它的特性，佯装打架格斗，好心的青羊就会

青 羊

跑过去慢慢走近，一冲而上，把两个猎人隔开，并站在中间不动，这时猎人便会趁机将它捉住。青羊很好驯养，能与饲养人员建立深厚的感情，见人则俯首摆尾，变现十分亲昵、可爱。

♥ 善于作曲的座头鲸

在大多数人看来，鱼类都是不会发出声音的哑巴。但科学家发现整个

动物知识全知道

DONGWU ZHISHI QUAN ZHIDAO

海底世界充满了各种各样的声音，有的听起来还非常悦耳动听。不过，这些声音只能通过特别的水中听音仪器才能听到。

其中一种驼背的座头鲸，既会"讲话"，又会"唱歌"。它们发出的有曲调的声音，听起来好像"歌词"，而且还不断变化，人们给它起了个绰号叫"不休息的作曲家"。海洋中所有的座头鲸都会"唱歌"，既有大合唱，也有独唱、二重唱和三重唱，而且唱的都是同样的"歌"，只是节奏不同。唱一次需时 6 ~ 30 分钟。有趣的是它的"歌"，每年一歌，一年换一首新歌。

人们把驼背鲸和其他鲸的"歌曲"录制下来，用 14 倍的快速播放，发现有的"歌"的歌喉竟比善于歌唱的鸟类还变高明。特别是在两地的鲸歌虽不一样，但却都遵循同样的变化规律，具有相似的结构，每支歌都由 6 个主旋律组成，每个旋律包含几个乐句，每个乐句又包括 2 ~ 5 个音。

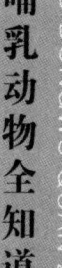

1977 年春天，美国将座头鲸的歌声同古典音乐和现代音乐，联合国 60 个成员国 55 种不同语言录进同一张唱片里，足见它们的歌声身价之高！

座头鲸

其实，座头鲸除了歌声美妙，相貌也十分奇特。它的背部不像一般鲸那样平直，而是向上弓起，故又名"弓背鲸"或"驼背鲸"；背鳍很短小，胸部鳍状肢窄薄而狭长，呈鸟翼状，所以又叫"巨臂鲸"、"大翼鲸"。座头鲸尾叶腹面颜色雪白，鳍状肢特别长，背部黑色，鳍状肢前面腹部具有许多很显眼的纵形肉脂，所以，只要座头鲸跃出水面，人们就可以认出来了。

座头鲸有一个很特殊的彼此拍打和跳跃的动作，它们用自己特有的鳍状肢或宽薄的鲸尾叶去拍打同伙，或者互相触体跳跃。对此人们有种种猜测：有的人说是一种发情表现，有的人说那是发怒产生的，还有人说这纯粹是天性爱好。究竟是什么原因引起的，至今仍是个谜。

会使用"工具"的海兽——海獭

海獭是海兽中个子最小的了。雄海獭身体只有 1.47 米左右，约重 45 千克，跟狗相仿；雌海獭长约 1.39 米，重 33 千克。它那小小的脑袋，不大的耳壳，吻端裸出，上唇长着胡须，肥而圆的躯体，形状像鼬模样，因而科学家将它归入食肉目鼬科动物。它的前肢裸出并且很小，不作游泳用，后肢长，形状扁而宽，趾间有蹼像鳍，后肢在游泳时交替扒水，产生了向前推动的力量，四肢的趾粗而短，爪短并弯曲，尾巴扁平，很长，约占体长的 1/4。

海獭在阿拉斯加、堪察加、千岛群岛沿海 1 海里范围内生活，仅在休息和生育时到陆上岩礁处活动，较多的时间还是在海水中生活。它晚间寝于海面，它们相互靠得很近，特别喜爱睡在海藻群中，以海藻作为卧榻，在海藻丛中打滚，睡前以海藻缠身，前肢抓住海藻，以免被海浪冲走。

海水起浪，几十只，甚至上百只海獭在海中游泳，头却露出水面，后肢与尾像桨一般摇来摆去划水前进，荡起涟漪，有时仰泳，悠然游去，前肢搭在胸前，留着尾巴在水中缓慢摆动，掌握方向。海獭游起泳来速度并不快，每小时不超过 5~7 海里，它可深入 100 米海底潜水，在水中可支持 20~30 分钟。它在水中虽活动自如，但一到陆地却行动蹒跚，像个"醉汉"。

海獭十分喜爱"梳妆打扮"，它在饱食之余，要花上很多时间用爪子梳理皮毛，梳理时从头到尾，十分仔细。其实这种"打扮"并非为了漂亮，而是因为毛皮蓬乱污脏之后，如不梳理清洁，就会失去绝缘、保温作用，而身体的热量会向海水中逸散。此外，梳

海獭

理毛皮时的机械运动，可以刺激促进皮肤下的皮脂腺加强脂肪的分泌，使毛皮上涂着丰富的脂肪层，达到既防水又保暖的目的。

海獭的食物是海胆、鲍鱼、蟹、牡蛎、贻贝、章鱼等，有时也吃海藻的芽和行动缓慢的底栖鱼类。牡蛎、海胆等动物的外壳很坚硬，海獭用牙齿是绝对咬不开的，海獭在吃它们的时候把海胆等物挟在前肢下边松弛的皮囊中，皮囊里一次可盛下25只海胆。海獭很快地浮到水面上，仰游着，把从海底捡来的拳头大小的石块放在它胸前作砧石，用前短肢挟着海胆将它在石块上撞击，而且不时还察看，一直到壳破、露出肉时，吞食内中之肉。

有科学工作者观察到一只海獭在1.5小时内在水中带上54只贻贝，它用前肢抓住贻贝放在砧石上砸了2237次，它一连好几次都用同一块石头用作砧石来砸食物，吃饱之后，把石块和吃剩的食物放置胸前休息。起初人们总以为只有类人猿是使用工具的动物，可是海獭使用工具的程度却胜过它们，不仅能使用工具，而且还会保存工具。海獭每天所吃的食物量，占它的体重1/4~1/3。这说明海獭的新陈代谢是很快的。

属于海豚的 "语言"

海豚大脑的记忆容量和信息处理能力与灵长类动物不相上下，如果人类能与海豚相互沟通，就应该获得许多有关海洋动物的宝贵资料，并学习到不同的表达和思维模式。与海豚一起潜水就会发现，海豚是相当 "聒噪" 的动物。根据录音调查记录显示，海豚使用频率在200~350千赫以上的超声波的喊叫声进行 "回音定位"，而人类的听觉范围介于16~20千赫之间，人类无法听到海豚回声定位所发出的超声波。因此，我们在水中听到的海豚叫声，可能是海豚同类间互通消息所使用的部分低频声音。

人类要与海豚沟通，先决条件是要了解海豚的语言，这样就必须分析海豚发出的声音与行为的关联性。事实上，只要有适当的录音设备就可能进行海豚声音分析。然而，声音与行为之间的关联却不容易掌握，目前人们还无法确切了解海豚发出的各种声音所包含的含义。

为使人类与海豚沟通，第二种方法是让海豚学习人类的语言，20多年前，美国海洋大学的专家们就是采用这种方式开发海豚的智能。目前海豚在专家的训练下，已经能从训练人员的手势中，学习并了解单字与复合语句的意义，并能作出适当的反应，但尚无法达到能与人自由交换信息的境界。

不论是研究海豚声音与行为的关联性，还是教导海豚学习人类的语言，以目前的进展来说，距离人类与海豚互相了解、互相沟通的最终目标都还相当的遥远。

海 豚

喜欢"哼哼"叫的灰鲸

灰鲸分布于北太平洋、北大西洋、北美洲沿海、鄂霍次克海、白令海、日本海和我国的黄海、东海、南海等温带海域附近。它是哺乳动物中迁移距离最长的种类，迁移距离可长达10000～22000千米。

在太平洋的北美洲一侧，灰鲸从5月下旬到10月末穿过白令海峡和白令海西北部，到水温、光照都较适宜的北极圈内索饵，然后开始南移，穿过阿留申群岛，沿着北美洲大陆沿岸南下，平均每天行进大约185千米。2月份以后再次开始北进，但路线与南下时不同，从夏季的索饵场所到冬季的繁殖场所之间的往返距离大约为18000多千米。在太平洋的亚洲一侧，灰鲸从鄂霍次克海穿过宗谷海峡进入日本海，再沿着朝鲜东海岸经过到达我国的南海，其中还有一部分穿过对马海峡后北上进入我国的黄海。

灰鲸在浅潜水时尾鳍并不露出水面，背部也不弯曲，但深潜水时尾鳍常高举出水面。它的游速很慢，一般为3～4海里/时，最快也不超过7～8海里/时。奇特的是，一些灰鲸特别喜欢发出一种"哼哼"声，无论何时何地，每小时发出 50 次左右，每次历时 2 秒钟，频率范围在 20～200 赫兹之间，强度可达 160 分贝，很像是在叹息或者嘟囔。人们对它发出这种声音的原因尚不清楚，有人认为是回声定位或者群体成员之间交流的信号；也有人认为是对暴风雨、地震地自然现象的反应；最近的发现表明，发出这种声音的个体大多是没有找到配偶的个体，于是又推测这种"哼哼"声可能是它们对于"失恋"的叹息，或者是一种愤懑和发泄。

它也是经济价值很高的动物，由于主要在沿岸一带活动，喜欢集群，所以遭到大量的猎捕。1937 年之后，挪威等国家一致在国际捕鲸协议上签署，同意对灰鲸进行保护；而对没有签署的国家，这个协议则无效，如日本、苏联、1950 年的加拿大和 1959～1970 年的美国等。尽管 1946 年，国际保护鲸鱼组织开始对灰鲸进行保护，然而一些国家 1966 年仍在捕捞，直到 1980 年才实行这项规定。1996 年，日本的不法捕鲸行为才有所收敛。目前估计在全世界大约有 15000 只。

"水中除草机"——海牛

海牛隶属于海洋哺乳动物海牛目，世界上有 3 种：西非海牛、南美海牛（亚马孙海牛）、北美海牛（加勒比海牛、西印度海牛）。我国不出产海牛，但我国北京动物园却有海牛，这是 1976 年 1 月墨西哥政府对我国赠送 1 对大熊猫的回礼。经精心饲养，这对海牛已在我国传宗接代。刚生下的小海牛体长 1.2 米，体重 34 千克，全身披稀疏白毛。成年体长平均 3 米，重 450 千克。在自然界有的海牛可长达 6 米，重 900 多千克。寿命可到"而立"之年。

海牛的模样有"美人鱼"之说。其实，它的"面相"实在令人不敢恭维。正如航海家哥伦布在 1493 年的航海日记中写到："美人鱼"不像寓言中描写的那么惹人喜爱。它有两只深陷的小眼，没有耳轮，偌大的鼻子连着上唇，轰然鼓起，两只可以闭合的鼻孔位于顶端；下唇内敛，嘴边生着稀疏的短髭。前身两侧各有手臂似的前肢一条，顶端外侧尚有指甲，与大象相似，但也无任何用处。后肢退化，肥大的身躯向后渐渐收小，末端有

一似鱼尾鳍的扁平尾巴。

海牛是海洋中唯一的草食哺乳动物，海牛的食量很大，每天能吃水草相当体重的 5%～10%。肠子长达 30 米，是典型的草食动物。它吃草像卷地毯一般，一片一片地吃过去，享有"水中除草机"之称。这在水草成灾的热带和亚热带某些地区，是很有用的。在那些地方，水草阻碍水电站发电，堵塞河道和水渠，妨碍航行，还

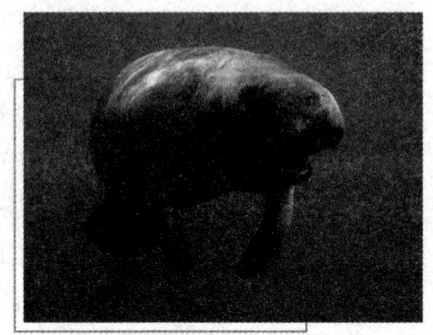

海 牛

给人类带来丝虫病、脑炎、血吸虫病等。非洲有一种叫水生风信子的水草，曾在刚果河上游的 1600 千米的河道蔓延生长，堵塞严重，连小船也无法通行，当地居民由于粮食运不进去，被迫背井离乡，当时扎伊尔政府为解决这一社会危机，花了 100 万美元，沿河撒除莠剂，仅隔 2 周，这种水草又加倍生长出来。后来，在河道放入 2 条海牛，这一难题便迎刃而解了。

海牛与陆生牛一样，都能为了人类作出贡献，我们对海牛的研究还太少了。然而，在人类对海牛的了解还不太多的今天，海牛却已面临断种绝代的境地。

憨态可掬的海狗

海狗是生活在海洋里四脚哺乳动物，因其体型像狗，因此得名海狗；由于又有些像熊，因而又名海熊。其实，海狗与海狮亲缘关系很近，都属于海狮大家族。

海狗的身体呈纺锤形，头圆嘴短，有小耳壳，眼睛较大。海狗的四肢因长期生活在水里，变成了鳍状，适合于游泳。海狗的游泳技术非常高，时速可达 30 千米左右；潜水本领更高，可潜入 100 多米的深水处。海狗在游泳时，后肢在水中方向朝后，起舵的作用；上岸后则可当向前方，利用四肢缓慢地爬行，显得笨拙可笑。

海狗雄雌个体的悬殊很大：雄海狗身躯庞大，体长在2.5米以上，体重300多千克；雌海狗身体小得多，体长不超过1.5米，体重为40～60千克，真可谓是"大丈夫"、"小娘子"。海狗喜欢吃乌贼，也吃各种鱼类，其食量很大，一天要吃20多千克。海狗白天下海捕食，夜晚在岸上睡觉。它的听觉和视觉很灵敏，在明亮清澈的水中能识到物体；在夜晚或混浊的水中，又能施展声呐回声定位的本领。

海狗喜欢群居，全世界大部分的海狗生活在美国阿拉斯加附近的普里比洛夫群岛，因此这个群岛又有"海狗岛"之称。此外，在靠近堪察加半岛的科曼多尔群岛、千岛群岛和萨哈林岛附近的小岛上，也有一些海狗群居。海狗有洄游习性，冬春季节，北太平洋各岛上的海狗群就

海 狗

纷纷离岛向南方洄游，遍布整个北太平洋海上，有的远游到美国加利福尼亚州沿岸，有的远游到日本中部水域。一到夏季，散居各方的海狗又陆陆续续洄游到北方故乡。

❤ "龙涎香"的制造者——抹香鲸

抹香鲸隶属齿鲸亚目抹香鲸科，是齿鲸亚目中体型最大的一种，雄性最大的体长达23米，雌性17米，体呈圆锥形，头部约占体长的1/3，呈圆桶形，上颌齐钝，远远超过下颌。由于其头部特别巨大，故又有"巨头鲸"之称呼。

抹香鲸这种头重脚轻的体型极适宜潜水，加上它嗜吃巨大的头足类动物，它们大部分栖于深海，抹香鲸常因追猎巨乌贼而"屏气潜水"长达1.5小时，可潜到2200米的深海，故它是哺乳动物潜水冠军。

抹香鲸常与无脊椎动物之最的大王乌贼展开一场刀光剑影的相互残杀，

大王乌贼最大者达 18 米，重 30 吨。有人曾在热带海洋看到抹香鲸与巨乌贼搏斗的激烈场面，它们从深海一直打到浅海不是抹香鲸吃掉大王乌贼，就是大王乌贼用触腕把鲸的喷水孔盖死使巨鲸窒息而死，那样，抹香鲸反倒成为大王乌贼的"美餐"了。

抹香鲸对巨乌贼的嗜好，是一种最珍贵的海产品——"龙涎香"的来源。抹香鲸把巨乌贼一口吞下，但消化不了乌贼的鹦嘴。它们逐渐在小肠里形成一种黏稠的深色物质，呈块状，重100～1000 克，也曾有 420 千克的。其最大直径为 165 厘米，这种物质即为"龙涎香"。它储存

抹香鲸

在结肠和直肠内，刚取出时臭味难闻，存放一段时间逐渐发香，胜"麝香"。"龙涎香"是使香水保持芬芳的最好物质，用于香水固定剂。

蝙蝠趣谈

蝙蝠，是哺乳动物中唯一具有飞翔能力的兽类。它没有翅膀，我们看到的那像翅膀一样的羽翼，是它延长的前肢和身体之间形成的薄而宽的翼膜。

蝙蝠的家族极其庞大，同类近 1000 种，几乎等于哺乳动物种类的 1/4。除了极荒芜的沙漠、极地和少数岛屿之外，世界天涯海角都有蝙蝠的踪迹。在宁静神秘的热带雨林，蝙蝠是数目最多的哺乳动物。蝙蝠的食谱相当宽杂，昆虫、鱼类、花粉蜜、水果都可以是它的美餐。有少数蝙蝠专以吸食动物血为生，被称之为吸血蝙蝠。在肯尼亚还发现了一种食蛙蝙蝠。这些蝙蝠相貌丑陋怪异，给人一种十分可怕的感觉。

有趣的是，蝙蝠还会游泳。在人们的认识中，蝙蝠从来就是一种飞行动物。最近德国动物学家偶然发现：蝙蝠竟会游泳。它的内膜翅一缩一展、两只纤细的后腿一蹬一夹，俨然是一副蛙泳的姿势。但那一双在空中灵活

自如的翅膀在水中却是那么笨拙沉重，两只后腿又那么细弱无力，因而它游得十分艰难。

蝙蝠的视力不好，这是它长期生活在黑暗的岩洞里的缘故。它常常几十万只甚至近百万只生活在一个山洞中，洞口很小，洞内乌黑，每当傍晚，它们飞出去的时候，像一股浓浓黑烟一样涌出，洞口的"交通"拥挤程度可想而知，但从来不发生相撞事故。蚊子那么小，它可以百发百中把它捕捉到。是什么原因使瞎子变成了"千里眼"呢？

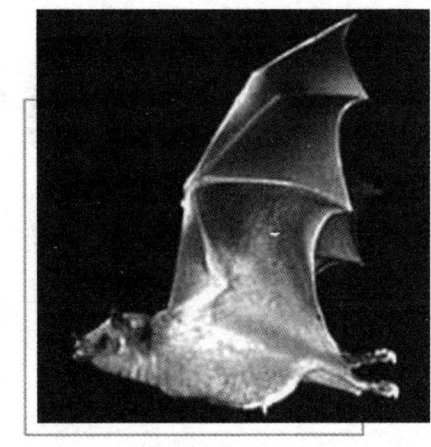

蝙　蝠

原来它有特异功能：以耳代目。蝙蝠从喉咙发出超声波，通过口和鼻孔发射，回声由耳接收，大脑根据信号，可以极其准确地判断反射物的大小、形状、质地和距离。科学家曾经多次做过这样的试验：让蝙蝠妈妈在成千上万只小蝙蝠中找寻自己的子女，蝙蝠妈妈都能很快地找到自己的子女，难怪科学家慨叹道：蝙蝠发射的超声波达到登峰造极的地步，竟然还能分辨血缘关系，这简直是谜一般的奇迹！当然，也有些科学家认为，蝙蝠认亲主要取决于气味。生物学家麦克拉肯认为，母蝙蝠喂奶前，总是先要发出呼唤之叫声，再根据回答来判别是否是自己的子女。在找到自己的孩子后，还要进一步用鼻子嗅嗅，确认无误后才喂奶，而气味是由遗传特性决定的。但是，不管作何种解释，蝙蝠妈妈能在成千上万只小蝙蝠中很快地找到自己的子女，这确实是一件十分了不起的事情。

蝙蝠能异常灵活地调节自己的体温，也使人惊奇不已。它在活动觅食时，体温可达到40℃；而在休息时却降到了15℃；一到冬天，它要冬眠，体温只有3℃；一旦被惊醒，体温在几分钟之内可急剧上升30多℃。一般认为，这是由于蝙蝠无毛保温，双翼表面积又大，因此只有靠高效率调节体温，才能减少热量的散发，适应环境。但是，究竟是什么原因使蝙蝠能够自身控制体温呢？至今仍是一个谜，有待于科学家去揭开。

鱼类全知道

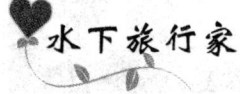

水下旅行家

　　毋庸置疑，鱼类的大规模旅行是令人诧异的生物现象之一。说真的，很难想象在严格固定的、好像"约定"的时间里，会有几十万甚至数百万条同种鱼成群结队地离开辽阔的海域，动身到遥远的简直是招致死亡的道路上去。为了能到达适宜的产卵地，它们往往要沿河溯流而上，旅行2000多千米，还要战胜无数危险的石滩和瀑布。无论红绿信号灯，还是训练有素的游览向导员和调度员，都不可能勾画出它们一生中只能走过一次的旅行路线。但这些鱼能准确无误地找到它们的生死故地。

　　一般情况，游动的鱼类有2种洄游方式：被动的和主动的。例如，幼鱼无论什么时候也不可能逆流移动，因为它们都十分弱小，无法克服这种阻力。所以，鱼卵、幼鱼和小鱼便被各种不同的水流携带到或远或近的地方。

　　海洋鲱鱼幼鱼的洄游即属于被动性的。每值春季，生息在大西洋北部水域的成鱼都要游向挪威海岸产卵。而海流又常常将脱卵而出的幼鱼带到远离出生地800～1000千米以外的斯堪的纳维亚半岛沿岸一带。在穆尔曼斯克沿岸海域孵化出的鲱鱼幼鱼也同样进行类似的洄游。鳗鲡幼鱼呈柳叶状，论个体则小得微不足道，甚至几乎失去所有能积极活动的器官。但它们依然能够完成一次大规模的被动洄游。它们在强大的墨西哥湾暖流运动的裹挟中，居然可以从萨尔嘎索夫海出发，行程7000～8000千米，最后到达欧洲海岸。此外，也有许多主动洄游的鱼类。它们嗜好自由漂泊，但依然还是要遵循与生殖、索饵和越冬相关的一定方向。然而，在异乎寻常的条件下，鱼类也能进行随机洄游。

一般说来，食浮游生物的鱼类在春季和夏季习惯进行从海的南部到北部的近距离和远距离的增脂洄游，世居于海洋和湖泊的鱼类，便属于这种洄游类型。通常，它们产卵后就开始离岸觅食，一俟催肥，便返回到岸边水域。除了季节洄游之外，很多鱼类还能进行昼夜索饵洄游，这可能是和作为它们食物的浮游生物的垂直移动相联系的。这种活动方式，幼鱼表现得最为明显。昼夜索饵洄游也为很多种淡水鱼类所特有。一般情况下，它们白天维持在江河的中速水流之中，几乎不食，而夜间则游向浅水，在这里它们可以找到植物性饲料和水生无脊椎动物等大量食物储备。

秋天，很多种鱼类都习惯进行过冬洄游。比目鱼和其他某些鱼类一遇寒冷便群集在温水层中。刀鱼的洄游更是别有风趣。秋天，在食物丰富的亚速海中进行索饵和繁殖后代的亚速刀鱼汇成大群，并经科尔钦斯克海峡向黑海迁徙。如果这种温水鱼留在亚速海过冬，那么，它就会冻死。春天，刀鱼重新返回故海。很多种淡水鱼常在"越冬掩蔽所"，即它们栖居的河口，集群度过不利的冬季。

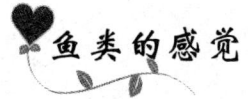

鱼类的感觉

鱼类能不能分辨颜色？根据实验，用两个红色和蓝色的碟子放到鱼缸中，当鱼游到蓝色碟子时，就往碟内放食；当鱼游到红碟子时，人就用棍子去骚扰。这样反复多次后，鱼只要一看见蓝碟子，便游过去；但当一看到红碟子时，鱼群便四处乱窜，这说明鱼是能分辨颜色的。

鱼类能不能听见声音呢？根据20世纪在德国一个教堂附近的渔场发现，每当早上教堂钟声一响，饲养员去给鱼喂食。一次，饲养员起早了教堂钟声响过了好一阵才去喂食，这时大群的鱼头露出水面，等待喂食。以后，生物学家又进行了实验，证明鱼类听声音的能力比人类还要敏锐。

鱼类能不能闻到气味？号称"水中匪徒"的枪鱼是小型鱼类最可怕的敌人。据实验，把其他鱼类蒙住眼睛放到鱼缸中，然后把养过枪鱼的水倒进鱼缸中，这时，鱼缸中的鱼非常惊慌害怕，在水中乱窜乱钻，躲到缸里的石缝中一动不动。这是因为它们闻到枪鱼的腥味儿躲避敌害的行动。

鱼类的视觉与辨色能力

鱼类的眼睛是个透明的小球，没有弹性，曲度不能相应地调节。晶体和视网膜之间的距离，只能靠晶体后方的镜状突起来调节。所以它对近处的东西可以看得很清楚，而望远处就很差。然而，鱼眼有非常广阔的视野，视角可超过180°，加上水有折射光线的作用，因此它还是能看到水面上空中的物体，而且所见物体的距离比实际距离还要近些。

鱼类对不同色差的反应：据实验，光波越短，鱼的行动就会越活泼；光波越长，鱼的行动就会越迟钝。在蓝色和绿色光下，可以在较大范围内进行活动，当光线变成黄色时，鱼群开始聚集，变得不太活跃，当光线变成红色时，则鱼群更密集，行动显得更加迟钝，所以鱼类还是能分辨光色的。人们掌握了鱼类对光色的反应，在提高渔业生产率上起了一定的帮助作用。

鱼类的"放光眼睛"

近年来，人们发明了一种自动变色的防强光眼镜。这种眼镜一经强光照射，立即就会变成暗色，电焊、冶金以及接触爆发性强电光的工人劳动时戴上它，可以保护眼睛。

在自然界中，有一种生物早就具有类似的"眼睛"。在东南亚海域中，有一种月光鱼，它眼睛角膜上有一种黄色的感光色素，当白天耀眼的阳光照射时，感光色素立即发生反应而变暗，阻止强光直射到视网膜上，并可透过弱光使周围环境在视网膜中形成清晰的图像。相反在黑暗的深海，眼睛视网膜又会恢复正常。月光鱼对光线强度的反应，可以不经过中枢神经系统的控制，直接由眼睛本身自行调节，这种现象在自然界中还是比较少见的。

海洋鱼类的方言

人类由于居住的地区不同，会形成各种各样不同的方言，南腔北调，蔚为大观。那么海洋动物有没有方言呢？有趣的是，海洋动物界不仅存在着"语言"，而且也有不同的"方言"。

南极洲素有"海豹之乡"的称号，那嘴旁长着两丛疏密有致胡须的威德尔海豹，性情温和，憨态可掬，十分惹人喜爱。几年前，美国和加拿大科学家在用电脑研究栖息在南极半岛海域和麦克默多海峡两个不同地区的几百只威德尔海豹从海中发出的声音时，发现了一个十分有趣的现象，即这两群海豹之间不仅有双方可以理解的"普通话"，而且也有各自的地方语即"方言"。

据统计，南极半岛海域的海豹语言由 21 种叫声组成，而麦克默多海峡的海豹却用 34 种叫声来传递信息。在这两组叫声中，有一些是相同的或极为相似的，这就是海豹的共同语言"普通话"。不过前者在发出这些音调时，要比后者发出的音调低沉而短促。当然，有些生活在麦克默多海峡的海豹发出的单音节是南极半岛海域的海豹所听不懂的，这就是前者的独特"方言"。同时，南极半岛海域的海豹也发展了它的奇特的发声技能"结合声"：一是类似"回声"的叫声，即第二语音重复第一语言，音调由低升高；二是双音节叫声，其中第一音节缓慢，第二音节渐快，为此也形成了麦克默多海峡的海豹所听不懂的语言，即自己的方言。由此可见，这两群同种威德尔海豹之间，除了"普通话"之外，也存在着差异明显的"方言"。

在鲸类王国里，要数海豚家族的种类最多了，全世界共有 30 多种，因其智力和学习能力都很发达，故有"海中智叟"之称。科学家们发现，海豚有着十分完善的通讯本领和丰富的"语汇"，它的通讯信号是一系列类似哨音的声信号，即以哨音为基础的独特"语言"。一般认为，海豚的声音都是由鼻道中前颌骨、上颌骨以上的部分即由气囊或与气囊相连的结构发出来的。日本的黑木敏郎教授在研究海豚的语言后认为，它们不仅有通用的

普通话，还有特殊的方言。美国科学家德莱斯发现，海豚发出的叫声共有32种，其中大西洋海豚经常使用的有17种，太平洋海豚经常使用的有16种，两者通用的语言有9种。但有一半语言却互相听不懂，这就是海豚的方言。因此海洋学家认为，海豚不仅可以利用声波信号在同种海豚间进行通讯联络，也可以在不同种的海豚间进行"对话"。虽然它们不能做到全部理解，但也可达到半通不通的程度。现在还没人能听懂海豚的"哨音"，无法理解它们的通讯内容。

生活在深海之中的怪鱼

大约在100年前，英国科学家爱德华·福尔白斯作了一个肯定的结论："在海深500米以下水域中，没有生物。"后来，在20世纪50年代，爱德华的结论被否定了。人们在铺设海底电缆时发现，在大约2000米深的海底，生活着各种不同的动物。更令人惊奇的发现是在60年代，有人在更深的海底居然发现生活着一种特殊的鳊鱼，还有一种深红色的小虾。

有人问：深居海底的海洋动物有多少？回答是：不计其数。

巨喉鱼的全身漆黑，有个长鞭状的尾鳍。全身有数十个发光点，在黑暗的世界里畅游无阻。巨喉鱼的嘴很大，它可以不费力气地张着大嘴等着小生物送上门来。

叉齿鱼的上下颌的关节十分灵活，它的牙齿很锐利，可以吞吃比自己身体大3倍的动物。它的胃也很大，而且还有一个在身体外面的大袋子，可以把吞下的食物放在胃里储存起来，慢慢地消化。这样，一次吃饱了，在短期内不进食也没关系。

鞭吻鱼长得很怪，它的上颌延长了一个长鞭，它经常利用这条"长鞭"捕获自己爱吃的食物。

黑鲸犀鱼很像一个驼背的老人，它头顶上有一发光的"灯塔"，永远给它照亮前面的道路。

皮条鱼的背鳍棘延长并在顶端有个能发光的"肉穗"，不知情的小动物以为这个"肉穗"是条小虫，前来争食，皮条鱼大嘴一张，不一会，它就吃得饱饱的。

锯颌鱼长得更是古怪，它的牙齿长在外嘴唇上，也就是说，它的上颌可以翻转。这种鱼很凶狠。其背部的第一背鳍棘延伸成一"钓鱼竿"，在"钓鱼竿"的顶端有个能发光的水中永不消失的"饵料"。不知情的小动物耐不住诱惑，糊里糊涂地成了锯颌鱼腹中之物。

有不少人都说树须鱼是海底怪物。的确，它长得很可怕，下颌长出"树枝"般的触须，以探查深海情况。牙齿大小不等，类似带钩状。上颌又生出一肉质的东西，更显得狰狞可怕。

鱼鳍的不同功能

鱼类为什么能在水中自由自在地游泳呢？那是鱼鳍的作用。鱼鳍包括背鳍、胸鳍、腰鳍、臀鳍和尾鳍。背鳍和臀鳍主要起稳定和平衡的作用；尾鳍管推进和掌握方向；胸鳍和腰鳍起平衡、转向、升降的作用。有些鱼由于生活习性以及栖息生态环境不同，其鱼鳍也发生了奇特的变化。

在印度洋有一种飞鱼，它用尾鳍击水可腾空而起，离开水面可达 4~5 米的空中；它有一对又长又大的胸鳍，展开后像鸟的翅膀一样，可飞行 200~300 米。在我国黄河中的鲤鱼跳龙门也是靠尾鳍击水跳跃的。还有白鲢、大马哈鱼等都是善于跳跃的鱼类，其尾鳍特别发达。生活在台湾海峡的旗鱼，背鳍竖起来就像帆船张开一样，能在海面乘风破浪快速前进。鲫鱼的背鳍长在头顶上变成了吸盘，能紧紧吸在鲨鱼、鲸、海豚和海龟身上或者轮船底下，漂洋过海，免费旅行。而鳜鱼的背鳍生有锋利的毒刺，遇到敌人时，毒刺突然竖起，能吓退敌人免遭敌害。

穿迷彩服的水中动物

在我国福建沿海，生活着一种珍奇的鱼——比目鱼。它不仅身体扁平，二目同侧，而且色彩变幻，出没诡秘，犹如幽灵一般。它背上呈深灰色，且有细碎斑点，腹部雪白。这种鱼在水草旺盛的地方，会变成绿色；回到海底泥土里栖息、潜伏时，却又迅速成为土黄色。

生活在热带海洋里的石斑鱼，也能迅速改变身体的颜色。当它从黑绿色的海中游到红珊瑚海时，身体就由黑色变成绯红色，当它游到白色的卵石水底时，体色就由绯红变成白色。海洋中的章鱼也是会变色的高手，它能随周围环境的变化而呈现不同的色彩和花纹。尤为神奇的是，被击昏或打死后不久的章鱼，也能改变颜色。据记载，有人曾用报纸包裹住一只刚刚死去的章鱼，不大会儿打开一看，怪啦！只见章鱼遍体呈现出斑马的条纹，把报纸的黑白条纹"复制"得惟妙惟肖，真假难辨。

关于珍珠鱼的趣事

采珠人都熟知鳞电鳗，因为有时候他们在活珠母贝的贝壳里找到的不是梦寐以求的珍珠，而是鳞电鳗。美国的一家博物馆里就保存着一只壳里的珍珠层下封裹着鳞电鳗的珠母贝！鳞电鳗的别名"珍珠鱼"，看似由此而来。不过，鳞电鳗更常寄居在大海参和海星的体腔内。

珍珠鱼不像生活在珊瑚礁里的其他许多种鱼那样有鲜艳夺目的色彩。半透明的修长身体，尾端纤细如针尖。布满全身的暗色小斑点是珍珠鱼的全部装束。在其他动物体腔内的生活方式赋予了它独具的特征：身体上有很结实的保护层，以抵御寄主的消化酶；有非凡的忍耐力，能在含氧量极低的环境中生存。珍珠鱼的牙齿大而尖利，相当发达的口器同它娇弱的身体结构形成鲜明的对比。

珍珠鱼寄居在海参或海星的体腔之中的。但是，如若把珍珠鱼看成是个寄生虫是不那么正确的，它们并不以寄生的身体组织为食。寄生只向它们提供可靠的藏身之地，并不提供食物。夜间它们会离开寄主自行捕食小虾蟹、蠕虫和小鱼。捕猎完毕回"家"时，珍珠鱼用尾部在前开路，通过口隙或泄殖腔孔再钻回房东体内。尖而光滑的尾部，通体覆盖着一层黏液而且没有鳞片，要完成这一过程是相当容易的。但要钻回海星体内则要困难一些。实验室观察表明，珍珠鱼必须等待时机，等待海星把它那通往口

隙的深深的沟槽舒展开来这一时刻的到来。看来，房东不会因珍珠鱼的"进进出出"太受其苦。专家们从不曾发现珍珠鱼对海星和海参的内部器官有明显损伤的例子。

珍珠鱼寻找寄主主要不是靠视觉，而是靠嗅觉。"打猎"归来找不到原来的房东而不得不另觅新"家"的情况屡见不鲜。这时，如果寄主不多，"所有者"与不速之客之间必然会发生冲突。其结果是决斗的一方要么离开"战场"，要么成为幸运对手的分外口粮。专家们曾偶然目睹到一场这种种群内部争斗的奇观。争斗结果是共栖者均匀分配了宿主：每个宿主家里都有一个寄居者。这样的解决方式在许多共栖鱼类、甲壳纲、多毛蠕虫类中是十分罕见的。

有趣的是，珍珠鱼很关心自己住所的清洁。为了不使粪便污染居所同时又不成为掠夺者的猎物，珍珠鱼有着独特的适应性身体结构：它的肠子的末端不像大多数鱼类那样在身体的后部，而是在身体后部打了一个禅又回转向前到头部，肛门便开在头的下部。要排泄固体粪便时珍珠鱼只需从寄生体内探出身来向外看看，既能及时发现会不会有什么危险，也完成了排泄过程。

深海狼鱼

狼鱼表面上与海鳝、海鳗有许多相似的地方，但它是属于鲇鱼的一种。最典型的要算是大西洋的灰色狼鱼，被称为"花鳅"，在酒桌上它是美味佳肴。据渔民反映，这种鱼十分贪食，而且经常危害人的生命。其实，这是一种误解，像雨果小说《巴黎圣母院》中的敲钟人卡西摩多一样，貌丑心不凶残，而狼鱼给渔民留下坏印象，也是因为它的面容太丑陋。

在狼鱼口里那可怕的犬齿以及后面更

狼 鱼

强硬的白齿，并不是用来对付人类的，甚至也不是对付一般小鱼的，它的捕获物仅仅是海胆、海星、海虾、大鳌虾、软体动物和腹足纲动物。在捕食时，狼鱼把那些不易吸收消化的残渣从口中吐出，堆砌在所居住的海底洞前，科学家就是根据这些被堆集的"沉渣"而找到狼鱼的。

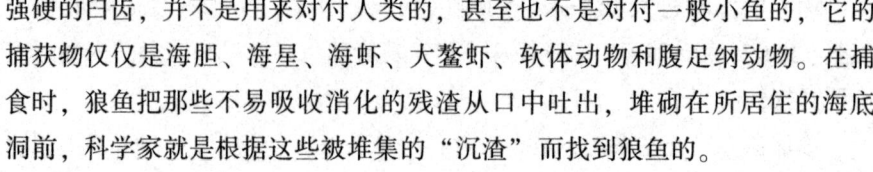

能离水生活的鱼类

一般地说，鱼类只有在水里才能呼吸和生活，但是有些鱼离开了水却不一定马上死掉，这是由于有些鱼除用鳃正常地呼吸以外，还用肠壁、皮肤、鳃腔、口喉表皮和鳔等进行辅助呼吸。

泥鳅能用肠壁来帮助呼吸，从嘴里咽进空气，由肠壁血管吸收氧气，在水外生活 10 多天不死。鳗鱼可以靠皮肤进行呼吸继续生活好几天。弹涂鱼喜欢在空气中生活，因为它的鳃腔能够膨大，储藏大量空气，在水外可用口、咽和皮肤进行呼吸。松江鲈鱼在水外能借喉部的扩张，使鳃进行呼吸；在运输途中可经历两三天不死。黄鳝的鳃已经非常退化，不能独立完成在水中呼吸，须借助口腔和咽喉内壁的表皮在水外呼吸而长时间不死。肺鱼在水中靠鳃呼吸，但遇到干旱季节缺水时，则主要靠非常发达的鳔在水外呼吸。鳗鲡可以离开水塘到陆上爬 500 米远，去捕捉昆虫和蜗牛吃。攀鲈在旱季可躲到泥土中活好几个月，还能爬到陆上攀到树上找食物吃。乌鳢被捕获后干放在家里，能够活好多天不死。

海中霸王——鲨鱼

鲨鱼又叫鲛，是海洋中一种大型鱼类，被称为海中霸王，或叫海洋中的"狼"，以野蛮、凶残著称。它对任何水生动物都敢于进攻和伤害，甚至人类也不例外。据记录，最悲惨惊人的鲨鱼吃人事件发生在 1942 年南非附近海面上，当一艘运兵船被鱼雷击沉后，船上 1000 多名士兵落水后，竟被十几条大鲨鱼连吃带咬全部丧生。

动物知识全知道

DONGWU ZHISHI QUAN ZHIDAO

其实，在 260 多种鲨鱼中，最野蛮凶残的鲨鱼只有大白鲨、虎鲨、双髻鲨等十几种。这些鲨鱼都是口中密集地排列着好几排非常尖利的牙齿，多达 1500 多个，并且嘴巴大而有力，大型鱼类或人被它一口咬下去就成两段。它的身体上覆盖着几千个像盾牌形的纤小尖利的角

鲨 鱼

质鳞，很像锋利的锉刀，任何鱼类被它一蹭就会皮开肉绽。它的大尾巴更是异常厉害，横扫一下，其致命程度不亚于被咬一口。

鲨鱼吃食时极其野蛮凶残，它不是一口一口地吃，而是狼吞虎咽，乱咬滥吃个不停，直到把肚皮装满为止，食物在肚子里可消化几天甚至几个星期。所以一些鱼群或沉船的人如果遇到鲨鱼，几乎无一幸免，吃不完的，也都是残缺不全的尸体，海面上往往留下一片惨不忍睹的血肉场地。

淡水鱼王——鲟鱼

淡水鱼中体型最大的首推鲟鱼，它一般长 2~3 米，体重 200~400 千克，最大的体长可达 7 米以上，体重超过 1000 千克，它生活在我国长江、黑龙江以及俄罗斯伏尔加河里。

鲟鱼是世界上古老的鱼类之一。它的骨骼大部是软骨质，有残余的脊索存在，鳞片是坚硬的骨板，每个骨板上有一个锐利的棘，吻长且尖，有 2 对触须，尾巴歪形，皮肤粗糙，其体型与其他淡水鱼有显著的区别，但与海中霸王鲨鱼却有许多相似之处。

鲟鱼性格孤僻，行动笨拙，不喜集群洄游，终年在江河里的中下层水域中过着寂寞的独居生活。每当刮风涨水时就显得非常活跃，猎取食物，游动时可翻起阵阵波浪。渔民捕获 1 条大鲟鱼，好比杀 1 头牛，故被称为淡

水鱼王。

鲟鱼还具有一定的观赏价值，其体形如同鲨鱼，在水中能平游、仰游、侧游、垂直游，像潜艇一样十分壮观。它还有较高的研究价值，与恐龙起源于亿万年前的白垩纪，恐龙大约已灭绝，而鲟鱼却能顽强地生存下来，是当今世界各国科学研究地壳变迁的"活化石"。

海洋里的鱼医生

海洋里有一种叫圣尤里塔的鱼，人们管它叫"鱼医生"。它会伸出尖嘴巴来清除鱼伤口的坏死组织，以及附生在鱼鳞、鱼鳍、鱼鳃上的寄生虫和微生物，而它却把这些东西当作美餐饱享一顿。

海洋里的鱼医生，经科学家发现至少有16科、45种，它们在珊瑚、岩石、海草茂密的高地或沉船的偏旁都设有"医疗站"。据科学家在深海长期观察，曾见到鱼医生在6小时内便医治了300条病鱼。候诊的病鱼都是头朝下、尾朝上，垂直立在鱼医生面前，一动不动地接受治疗；更奇怪的是，有些鱼类在治病时身体还会不断改变颜色。据观察，到"医疗站"就医的都是雄鱼，有的是因病伤去就医的，但有的却是为修饰外表，打扮得更美些去追求雌鱼作配偶的。所以鱼的"医疗站"又是鱼的"美容所"。

雌雄同体的鱼

一般鱼类都是雌雄异体，但有的鱼却同时具备卵巢和精巢，如小石斑鱼。有的鱼则是当一次妈妈，然后就永远变在爸爸了，生物学上将此称为"性逆转"现象。

黄鳝鱼就是这样一种奇怪的鱼，它们从幼鳝到成鳝全是雌性的，有产卵的本领，可是产过1次卵后，卵巢就转化为精巢，变雌为雄，而永远不再产卵了。另外，在海洋中还有一种红鲷鱼，也有这种由雌变雄的本领，当鱼群中的雄鱼死后，雌鱼中便选出1条体大健壮的雌鱼发生奇妙的性突变而

变成雄性鱼。

据研究，黄鳝和红鲷的雌性体组织里都含有雄性的基因，当它们生长到一定程度或感受某种刺激时，便促使雄性基因增强活动能力，终于使性别发生突变。

似鱼非鱼的文昌鱼

在我国厦门、青岛、烟台沿海一带，生活着一种似鱼非鱼的小动物，人们叫它"文昌鱼"。

文昌鱼体形像一条小鱼，身体半透明，头尾尖，只有 5～6 厘米长，其背鳍很窄，从头顶直伸到尾端，尾部边缘又有高出的尾鳍，尾鳍的前面还有臀鳍，但没有胸鳍和腹鳍，其排泄系统是 90 多对肾管，

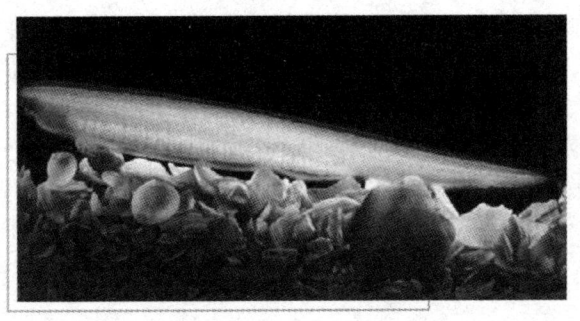

文昌鱼

没有集中的输尿管。最奇特的是它没有明显的头部。从这两点看，它的生理结构很像无脊椎动物。但它的体内则有一些无脊椎动物从来没有的新结构。例如身体的背侧面，从前到后有一条圆棍状的构造，叫做脊索，能够支持身体。脊索背面还有一条背神经管，管的前端扩大成脑室，是保护脑的原始雏形，其咽旁还有鳃裂的明显痕迹。从这三点看又跟脊椎动物的几个发育阶段相似。这就证明文昌鱼是动物进化发展史上从无脊椎动物进化到脊椎动物的过渡类型，堪称似鱼非鱼的动物，在研究动物进化方面有特殊的科学价值。

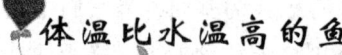

♥ 体温比水温高的鱼

鱼类是变温动物，其体温可随着水温变化而变化。但有些鱼类如鲔鱼、青鲛鱼等，它们的体温竟比水温高。科学家对这种奇异现象进行了研究，发现这些鱼在海洋中洄游距离长，游动速度快。由于活动剧烈，体内产生的热量多，这是其体温比水温高的一个原因。另外，这些鱼类体内的循环系统结构也比较特殊。在一般鱼类体内，热量主要由静脉血输送到鳃去散热，而鲔鱼等体内的热量却是在静脉血中吸收。它们体内有流动冷血的动脉网和流动温血的静脉网，当温血流到鳃之前，热量被吸收到鱼的全身，而身体肌肉保存的热量比较多，从鳃散失的热量则比较少，所以它们的体温就能比水温高。

♥ 生理奇特的鳝鱼

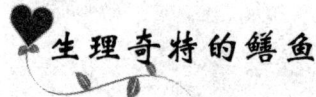

鳝鱼是人们熟悉的鱼类，由于其身体是圆筒形，酷似蛇类，故俗叫蛇鱼。

鳝鱼没有特殊的攻击本领，也无强有力的防御武器，唯一的本领就是："逃为上计"。它无胸鳍、腹鳍，背鳍和臀鳍也退化成一点皮褶，鳞片消失得也难以看见，但全身却能分泌出非常油滑的黏液，当人们和其他动物抓到它时，一不注意，它便会溜滑而逃。它是在水下泥土中穴居的，其圆筒体的身体也是为了适应穴居生活。鱼类多数是用鳃呼吸，而鳝鱼的鳃也已退化，它是靠喉部表面微细血管直接吸取空气的。它还有一种奇特的生理现象，其胚胎发育到第 1 次性成熟时为雌性；可是到第 2 次性开始成熟时，却又变成雄性的了。因此它一生中既当娘又作爹。这在生物学称为性逆转，至于有何意义，至今还是个不解的"悬案"。

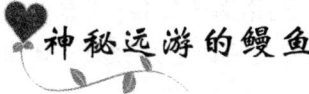

神秘远游的鳗鱼

　　鱼类中有不少是洄游性的鱼，其孵卵育雏和生长成熟是选择两个地方进行的，有的是由海洋到江湖产卵，然后幼鱼又回到海洋中成长。如海洋中的大马哈鱼（鲑鱼）。但有的却相反，如河湖中生活的河鳗。

　　河鳗到了冬季是繁殖季节，便成群结队离开原来生活的河湖，千里迢迢到海洋中去产卵，它们的行程一般达 2000 海里左右，最远可达 4000 海里。即使是生活在内陆河湖，甚至小池塘的河鳗，也要越陆爬石奔向大海去产卵。在洄游期间，成熟雌鱼开始绝食，消化器官退化，生殖器官则迅速发达。当长途旅行到达目的地后，已精疲力竭，面貌全非，产完卵后即很快死亡。最奇怪的是它们的产卵地并非所在的海洋，而是要回到它原来出生的老家。当幼鱼出生发育一段时间后，就又漂洋过海溯流而上，仍然回到它父母成长的淡水河湖里去生活。

可怕的吃人鱼

　　鱼类中能吃人的，只有极少数的鲨鱼，但是美洲有一种虎鱼，却是能吃人的。

　　这种鱼生活在南美圭亚那的巴比斯和阿巴雷河以及亚马孙河和奥里诺科河及其流域，俗称锯齿鲑、皮拉伊鱼或红狼鱼，绰号"食人鱼"。身长仅30 厘米，但性情极为凶残，可与狮、虎、鲨鱼等齐名。颜色非常华丽，有 1 双血红的大眼睛，颚骨呈三角形，咬切力很大，口内长着两排坚硬锋利的牙齿，常常成群结队到处横行。

　　这种鱼感觉非常灵敏，当有人畜过河时，即便是轻微的波动，也能招致无数的虎鱼袭来；其嗅觉更为敏锐，如果水中有一点血腥味，它在很远的地方都可嗅到。其霸占的水域，几乎无任何生物存在。凡是大批人畜过河时，则要采取"调虎离山"的办法，在远处先抛入河中几只牲畜，把它

们引走，人畜再迅速过河。如果一遇上它，十有八九是凶多吉少。其吞噬猎物的速度更是惊人，据传 1976 年 11 月，在巴西曼诺斯城东 193 千米的河上，有一辆公共汽车过渡时翻下水里，当救护人员几小时后赶到时，被河水淹没的 38 名旅客，几乎全被吃得仅剩下了骨头。

可爱的接吻鱼

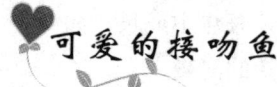

因为接吻鱼会"接吻"，所以人们才给它们起了这个有趣的名字。接吻对于人类来说是一种感情交流，而对于鱼类来说，接吻为的是什么呢？

其实，接吻鱼的"热吻"并不是"求爱"，而是在打斗。由于接吻鱼具有保卫"领地"的习性，两者相遇时，双方互不相让，只好诉诸武力，用长嘴唇相斗来解决"领地"争端，直到有一方退却让步，"接吻"才宣告结束。

接吻鱼体是椭圆形，侧偏，头大口大，胸鳍大；体色乳白稍带淡红，口唇和眼膜红色。还有一部分接吻鱼通体银灰色或蓝绿色，也有少数的接吻鱼为白色。在自然条件下，接吻鱼的体长可达 30 厘米；如养在水族箱中，一般只能长到 15 厘米左右。接吻鱼既有观赏价值又有食用价值，是经济价值极高的鱼类。

接吻鱼

与其他热带鱼相比，接吻鱼没有鲜艳动人的色彩，可是仍然受到热带鱼爱好者的青睐。这是因为接吻鱼不仅具有会"接吻"的绝活，而且游泳技术也相当高超，它们能在水中翻腾跳跃，犹如优秀体操运动员表演翻筋斗一样精彩，令人拍手叫绝。

动物知识全知道

DONGWU ZHISHI QUAN ZHIDAO

毒性最大的河豚鱼

河豚鱼分布于世界各地，约有100多种。河豚鱼口小头圆，背部黑褐色，腹部白色，大的长达1米，重10千克左右，眼睛平时是蓝绿色，还可以随着光线的变化自动变色。身上的骨头不多，而且背鳍和腹鳍都很软，但长着两排利牙，能咬碎蛤蜊、牡蛎、海胆等带硬壳的食物。

河豚肉味鲜美，营养价值很高，人们都喜欢吃它。但由于它体内含有一种生物碱的毒素，中毒后重则可以致死，故有"寻死吃河豚"之说。其实，其毒素多含在内脏、皮肤和血液中，尤以卵巢、睾丸和肝脏、脾脏毒性最大，而其肌肉一般是没有毒的。所以吃时只要彻底清除净它的内脏和头、

河豚鱼

皮并洗净血液，在100℃高温火上煮4小时后再吃，是尽可大放宽心的。

与蛇毒、蜂毒和其他毒素一样，河豚毒素也有其有益的一面。从河豚肝脏中分离的提取物对多种肿瘤有抑制作用。人们已经将海豚肝脏蒸馏液制成河豚酸注射液用于癌症临床及外科手术镇痛。

美丽的蝴蝶鱼

蝴蝶鱼产于非洲西部，长约12厘米，是远古时代骨舌鱼的近亲，在漫长的大自然择优淘劣中，此鱼科变化不大。蝴蝶鱼胸鳍发达阔展，从水面上看像一只蝴蝶，体呈褐色，色彩单调。蝴蝶鱼捕食动作奇特，可跃出水面犹如海洋中的飞鱼。平时蝴蝶鱼顺水漂流，一旦有昆虫飞临，即使离水

面数十厘米，也可跃出水面捕食。

蝴蝶鱼生活在五光十色的珊瑚礁礁盘中，具有一系列适应环境的本领，其艳丽的体色可随周围环境的改变而改变。蝴蝶鱼的体表有大量色素细胞，在神经系统的控制下，可以展开或收缩，从而使体表呈现不同的色彩。通常一尾蝴蝶鱼改变一次体色要几分钟，而有的仅需几秒钟。

蝴蝶鱼

许多蝴蝶鱼有极巧妙的伪装，它们常把自己真正的眼睛藏在穿过头部的黑色条纹之中，而在尾柄处或背鳍后留有一个非常醒目的"伪眼"，常使捕食者误认为是其头部而受到迷惑。当敌害向其"伪眼"袭击时，蝴蝶鱼剑鳍疾摆，逃之夭夭。

味道鲜美的红鱼

红鱼，学名叫红鳍笛鲷，又名红鱼曹鱼，在分类学上属笛鲷科笛鲷属。这种鱼体呈椭圆形，稍侧扁，一般体长 20～40 厘米以上，体重 2～3 千克左右。头较大，体披中大栉鳞，侧线完全与背缘平行，眼间隔宽而突起，全身鲜红色，故得红鱼之俗名。

红鱼喜欢生活在水深 50～90 米处，底质为泥或沙泥的海区。若无气候突变，一般每年 10～11 月间开始怀卵，次年 4 月～5 月底产卵。它为肉食性鱼类，个体细小的红三鱼、银米鱼等便是它们经常的食物。渔民根据红鱼的游动习性和食性捕捉红鱼。捕捉主要采取 2 种捕捞方法：①用机动渔轮和较大型的渔船设置大型底拖网捕捞；②制造红鱼钓船，采用延绳钓的"钓鱼"办法来捕获。

动物知识全知道

DONGWU ZHISHI QUAN ZHIDAO

红鱼由于掠食小型鱼类长肥了自己，因而生得体健身壮，所以它一般可活4～5年，长寿者可达7年以上。而其个体长得也较大，肉厚刺少，肉质鲜美，蛋白质含量高，营养丰富，因而被列为优质海产鱼类，是著名的海鲜美食。海南儋州出产的红鱼干和临高出产的红鱼筒是海南的著名特产之一。

 富含 DHA 的鲕鱼

鲕鱼自春季至夏季由南向北洄游，自秋季至冬季由北往南洄游。产卵期在东海区为2～3月，在日本的九州和四国岛周围海域为3～5月。卵浮性，直径1.15～1.44毫米，刚孵出的仔鱼全长3.5毫米，大量出现在水温19～21℃和氯度为1.91%～1.93%的水域中。仔鱼一般随着黑潮及其支流向北漂流，并集中在海洋锋区，常附着在随波逐流的海藻上。当鲕鱼长至15厘米时，离开漂流的海藻，营自由游泳生活。4厘米以下的鲕鱼主要摄食哲水蚤之类的桡足类及甲壳动物，随着生长，开始摄食幼鱼和其他小鱼类。长至15厘米的鲕鱼，则以沙丁鱼、鲭、乌贼等为食。鲕鱼的寿命为7岁，最大个体为96厘米，体重13千克。

鲕鱼含有丰富的DHA，即二十二碳六烯酸。DHA是人脑营养必不可少的高度不饱和脂肪酸。它除了能阻止胆固醇在血管壁上的沉积、预防或减轻动脉粥样硬化和冠心病的发生外，更重要的是DHA对大脑细胞有着极其重要的作用。它占了人脑脂肪的10%，对脑神经传导和突触的生长发育极为有利。实验表明，DHA摄入充分，人脑中的DHA值升高，就能活化大脑神经细胞，改善大脑功能，提高判断能力。毫无疑问，DHA具有十分显著的健脑益智作用，是青少年增进智力、加强记忆、提高学习能力的必需营养品。鲕鱼素有"补脑神品"之誉。而科学家研究表明，DHA只存在于鱼类及少数贝类中，其他食物如大豆、奶油、植物油、猪油、蔬菜及水果等几乎都不含DHA。因此从营养和健脑的角度来说，人们要想获得足够的DHA，最简便有效的理想途径就是多吃鲕鱼。

鲁迅笔下的花跳鱼

鲁迅先生脍炙人口的散文《故乡》里，描写了闰土抓海边跳鱼的情景，那黑不溜秋、潮落而跳的跳鱼模样怪异，着实招人喜爱。在福建漫长的海岸线上，栖息着大量活蹦乱跳的花跳鱼，也叫弹涂鱼。

花跳鱼体长约 1 厘米，头大略扁，双眼凸出，嘴阔，灰褐色的身体布满着花斑，腹部有吸盘，能附在礁石上栖息，喜欢钻洞穴居于底质为烂泥的低潮区，或咸淡水交汇的江河口滩涂。因为它习性狡猾，弹跳力极强，喜欢在潮水退后的海滩上跳跃，身上又有淡蓝色花斑，故名花跳鱼。

花跳鱼耐寒耐热，除了用鳃呼吸外，还可以凭借皮肤和口腔黏膜的呼吸作用作辅助呼吸器官，被捉后可以"不吃不喝"达 1 天。花跳鱼的视觉十分敏锐，一只眼睛专门用来搜寻食物，另一只眼睛却警惕地注视着可能出现的敌害。

花跳鱼的肉质细腻鲜嫩，属高蛋白、低脂肪、高维生素的食品。日本和西方人将花跳鱼视为餐桌上的特有的佳肴，誉为之"水中人参"。在食疗保健方面它还有滋阴壮阳，生精养血，舒筋活络等功能。凡久病初愈，肾虚精乏，腰酸膝痛者，买上几两花跳鱼，炖当归、熟地、枸杞、黄芪等，或以花跳鱼加大米、老姜、盐、胡椒粉炖食。

游泳健将金枪鱼

金枪鱼是一种非常有趣的鱼类，它游泳速度快，旅行范围远达数千千米，能作跨洋环游。金枪鱼对环境有着独特的适应能力，它的生长潜力也很大。近几十年来，很多科学家对金枪鱼进行"标志流放"试验，他们把捕到的金枪鱼，标上记号后再放回大海，观察它们的洄游路线，结果渔业工作者从回捕的金枪鱼中发现，有一种金枪鱼能够从美国的加利福尼亚沿岸游到日本近海，全程长达 8500 千米，平均每天游 26 千米；另一种金枪鱼横跨 7770 千米宽的大西洋只用了 119 天，每天所游的路程都超过了 65 千米；还有一种金枪鱼竟然能够从澳大利亚湾穿越印度洋，最终抵达大西洋彼岸，它的长途洄游的耐力实在令人钦佩！由此可见，金枪鱼不愧是鱼类中的游泳能手。

在大海里，金枪鱼为了适应所处的环境，它腹部和背部的颜色是不一样的，这是金枪鱼自我保护的一种方法。金枪鱼腹部的颜色比背部的要浅，这样，从海里面向上看它的时候，它浅淡的体色跟海面的颜色差不多；而从天空往下看的时候，它又跟海洋深处水的颜色差不多，这样，金枪鱼靠上下体色的差异既能够躲避空中和大海里的天敌，又能够巧妙地迷惑其他生物，进行捕食。

金枪鱼的呼吸系统和循环系统在鱼类中也是独特的。它的循环系统是由供血的心脏和血管网组成的，根据自己的需要储存热量或者消耗热量，当金枪鱼不太活动的时候，就储存热量，当活动加剧的时候就消耗热量。金枪鱼的体温变化也跟多数鱼类不同，它不但跟自身的大小和活动量的大小有关，而且跟周围的水温也有关系，金枪鱼的体温始终保持在比自己活动场所的水温要高。科学家们认为，金枪鱼的高体温会加快糖在肌肉内的分解速度，从而满足它在突发性运动时候对这种化学能量的急促需要。金枪鱼突发性运动的速度，能够达到 75 千米/时。

具有药用价值的鳝鱼

鳝鱼肉有较高的药用价值，据《滇南本草》记载："其性大补血气，舒筋壮骨，久服肥胖。"因此，民间视它为病后体虚的滋补品。

鳝鱼的身体是圆筒形，适合穴居生活，对进出洞穴，减少摩擦十分有利。

鳝鱼身上的黏液，主要功能是：预防细菌、病菌侵染身体，减少疾病；阻止寄生动物植物的纪缠，有利成长；油头滑面，有利于它在泥中通行无阻。

色彩斑斓的珊瑚鱼

美丽的珊瑚礁吸引着众多的海洋动物竞相在这里落户。据科学家估计，一个珊瑚礁可以养育400种鱼类。在弱肉强食的复杂海洋环境中，珊瑚鱼的变色与伪装，目的是为了使自己的体色与周围环境相似，达到与周围物体乱真的地步，在亿万种生物的顽强竞争中，赢得了自己生存的一席之地。

刺盖鱼俗称神仙鱼，是珊瑚鱼中最华丽的鱼。因为它们生活在比蝴蝶鱼更深而且较暗的环境中，故需展现出更加鲜明的色彩。它们中的许多鱼，在幼鱼的变态发育过程中，幼鱼与成鱼形态和色彩截然不同，同一种鱼往往容易被误认为是两种鱼。

石斑鱼不喜欢远游，它们喜欢栖息在珊瑚礁的岩洞或珊瑚枝头下面。它们是化妆高手，可以有8种体色变化，往往顷刻之间便可判若两鱼。它们具有与环境相配合的斑点和彩带，在洞隙中静观动静，遇有可食之物，便迅游而出捕捉之。

有美就有丑，在珊瑚礁中有一种看了令人生畏的玫瑰毒鲉，其长相丑陋，体色灰暗，间有红色斑点。它常隐伏于珊瑚礁或海藻丛中，活像海底的一块礁石或一团海藻，小鱼小虾游近身边，被其背棘、头棘刺中，便会立即死亡，成为其果腹之物。它是最剧毒的毒鲉，人被其刺伤，若不及时抢救，4个小时之内亦会死亡。

珊瑚鱼

在礁盘上的小丑鱼，常与大海葵共栖，色彩艳丽的小丑鱼常外出引来其他小鱼小虾，这些小鱼小虾被大海葵触手中的刺细胞刺中便被麻痹，进而被卷入口中吞食。一旦遇险，小丑鱼便钻入大海葵的触手丛（理想的"防空洞"）中而受到保护。

活化石矛尾鱼

大约生活在 3.5 亿年前的矛尾鱼，多少年来生物学家只能在古老岩石层里发现过它。但在非洲东南部的印度洋中却于 1939 年 1 月、1952 年 12 月分别发现了这种活的矛尾鱼，这个消息轰动了整个世界。

矛尾鱼的外表像鲑鱼、鲤鱼和鲫鱼，但形体比它们都大而坚实，有 1.4 米长，58 千克重，全身呈暗绿色，尾部很像古代兵器中的矛，故得名矛尾鱼。在远古时代，矛尾鱼生活在淡水湖泊中，后来由于环境变化，它们到了深海，现在遗存下来的仅在非洲东南部印度洋中有所发现。矛尾鱼平时生活在 150～400 米的深海中，每年 11 月到次年 1 月期间浮到海面上来，它们游动缓慢，一旦离开海水就会立刻死亡。

矛尾鱼

矛尾鱼是鱼类的祖宗，也是鱼类向两栖爬虫类演变进化的活标本。我们知道陆地上的生活是从海洋生物进化而来的，这种进化是从鱼鳍部产生肌肉，而矛尾鱼的鳍，不仅有肥厚的肌肉，而且在强大的胸鳍、腹鳍里还有一段管状骨骼，它已经明显地具备了两栖爬虫祖先的特点。可是它为什么没有继续进化而成两栖类，而是又回到海洋中去呢？从淡水湖泊到含有盐分的海洋又是怎样适应的呢？它生活缓慢，生活在深水之下，又怎能繁衍到几亿年后的今天，生物学家正在努力研究这个活化石。

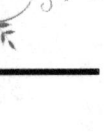

在胎里自相残杀的鱼

海洋中有不少凶残的鱼类，利于鲨鱼、锯齿鱼、斗鱼、虎鱼等。不过这些鱼的凶残本性主要表现在捕食或者对付敌人时，而对自己的同胞兄弟姐妹甚至同类它们则不会这样凶残。

但在海洋中却有一种叫做"傻鲛鲨鱼"，其凶残不止表现在捕食与自卫方面，甚至在娘胎中它也是一种出名的残暴动物。这种鱼是卵胎生，每次可达千尾，在每条输卵管里藏有 15 ~ 20 个卵，当这些卵发育成小胎鲨后，在出生之前便在母亲的肚子里自相残杀，大一些的往往会吞掉比它弱小的弟妹，直到最后 1 条为止。经过 1 年时间，胎鲨成长到 35 厘米长才离开母体进入大海中生活。据说有一个外国鲨鱼专家，在解剖一条怀孕的母沙鲛时，竟被还在胎里未出世的小沙鲛咬了一口，真是天下奇闻。

为什么胎鲨还在母体中就开始互相残杀呢？这是因为胎鲨在未成长成幼鲨之时，牙齿功能却先行健全，加上它本性凶暴而又贪食，所以连同胞弟妹也不放过。这在动物世界里绝无仅有的一种特殊动物。

可以负担水底清洁工的鱼

一些港口经常在水下滋生水草，堵塞进出船只的航道，甚至船舶的螺旋桨被水草缠住而无法工作，所以人们称水草为"港口的瘟疫"。过去清除这些水草的办法就是靠人力来清除。

我国黑龙江里生活着一种叫白鱼的鱼，这种鱼专门以吞食还草为生，食量大得惊人，而且是集群活动，因此港口周围的水草都能被这种鱼吃得一干二净，进出航行的船只不致因水草而担心。故人们称它为"水底清洁工"。

在中东地区的一条长达 850 千米的人工运河，通航后仅几年时间，就因为杂草蔓生，充塞河床，轮船常常不能顺利通过，有时甚至发生事故。人们起初还用挖土机和水下剪草机来清除杂草，可是过不多久，水草又很快生长起来了。

后来人们在运河里放养了几千条食草鱼，这种鱼体色青黄，扁圆筒形的身躯。它和其他鱼的食料不同，而是专门以吃水草为生，一天一夜内吃掉的水草分量竟相当于自身体重。当它开始生活在运河不久，杂草的生长便显著减慢了，几年后，由于其大量繁殖，终于保证了运河畅通无阻。它为人类立下了大功，被誉为"河道除草英雄"。

美丽迷人的天狗倒吊鱼

在热带海洋中，生活着一种非常美丽的鱼，人们称它是天狗倒吊鱼。

它体型肥胖而呈长方形，头部前额高高隆起，两只大眼突出长在隆起前额的前上端左右，口吻长在头的下前部，口后方左右长着一列均匀的背鳍，整个头部很像个马头。

天狗倒吊鱼

特别有趣的是，它全身是黄绿色，口吻像涂了口红一样，眼睛上皮盖着天蓝色的厚皮盖，加上一些别的美丽饰品，简直连它自己也觉得会使人一见就着迷的。

由于它的尾部前端长有一块突起骨状物，很像外科医生用的手术刀，十分锐利，是进行攻击的武器，故其原名为"外科医生鱼"。

电鳗的放电本领

世界上具有放电本领的鱼大约有100多种，其中放电量最大的鱼，首推南美亚马孙河和圭亚那河的电鳗。

电鳗外形细长如蛇，身长2米左右，体重20千克，体色背部为黑色，腹部为橙黄色，无背鳍、腹鳍和鳞，肚部生在胸位上，唯有臀鳍特长，是其主要游动器官。其体侧生有 2 对电器官，在一般情况下可发出 300 伏特的电压，遇到紧急情况时，竟可发出高达 866 伏特的电压，足以杀死世界上任何动物。

电鳗放电方法很有趣，其发电器官很像活的伏特电锥，每一个组成部分都又是由许多特殊的筋肉组织薄片组成，薄片之间则由结缔组织隔开，由脊椎中很多神经通入其中，直列的筋肉柱前后各有不同的电负，当它的头和体接触到生物或者物体受到刺激影响下，即发出强有力的电流来。

电　鳗

动物知识全知道

DONGWU ZHISHI QUAN ZHIDAO

❤ 赤道上的怪鱼

鱼类都是生活在水中的，一离开水就有生命危险，只有极少数靠一种辅助呼吸器官的鱼，可以离开水几小时。在南美赤道线上厄瓜多尔马那比州的一个大湖中却生活着一种奇怪的鱼，人们叫它"小丑鱼"，当人们把它捕捞上来放在炎热的太阳下，六七天也晒不死，而且还活蹦乱跳。如果想要吃它，得先杀死再煮熟吃。

这种怪鱼在几十年前就生活在这个湖里，由于连年干旱，湖水被晒干了，有一天突然下了几天大雨，湖里又积满了水，小丑鱼又成群地出现了，这种奇迹，经考察原来在湖水干涸之后，小丑渔产在湖底泥土里的卵经过几十年的干热考验还一直没有死，直等到湖里又有了水重新获得了生命。

但奇怪的是：小丑鱼的卵是怎样受几十年的考验呢？其生理构造产生了什么变化？它在阳光暴晒下能生活八九天，靠什么呼吸和供应身体的氧气？又靠什么办法保护身体和不致失去体内水分的？这些奥秘还有待科学研究来揭开。

稀奇古怪的海马

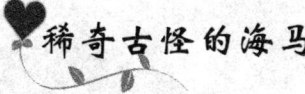

在我国南海美丽的水底世界，有一种珍奇又逗人兴味的小动物，名叫海马。

海马头部像马，是一种奇形怪状的鱼类，故名又叫马头鱼。海马有一条长尾巴，可缠附在海草上，全身被骨质鳞环所包裹，靠背鳍和胸鳍摆动在水中上下沉浮游泳。海马的抗敌本领很差，但有一种"变色"的特技，它会按栖息的环境颜色改变自己身体的颜色，来逃避敌害，并能在体内长出一些"线体"，借以防避敌害，诱食猎物。它会还有一种耐饿的能力，初生儿可饿四五天，成鱼最长竟可饿 130 多天。

海 马

最有趣的是海马的繁殖方式。雄鱼肚皮上有一个育儿袋，当交尾时，雌鱼就将卵产在雄鱼的育儿袋中，雄海马用精液喷洒时卵受精而"怀孕"，经过半个月孵育，小海马才能离开父亲出世而独立生活。这种奇特的繁殖方式，为其他水生动物所少见。

鱼类中的神枪手

在印度尼西亚和波利尼西亚群岛一带，生长着一种可以捕食岸边草木上小虫的稀奇小鱼，人们叫它射水鱼。这种鱼个体只有 10～20 厘米，左右长着一对凸出的大眼睛，眼睛白上有一条条不断转动的竖纹，色彩非常艳丽，游动起来又很灵活自由。

当它在水面游动时，不仅能看到水里的东西，而且还能觉察到空中的一切物体，它经常在岸边游动，只要一发觉小昆虫停在岸边的草木上，它便偷偷游近目标，从水里探出头来，对准小虫，从口唇上的小槽喷射出一股水柱，对方就立即落水被捕。射水鱼能在 1.5 米

射水鱼

以内用这种"水枪"击落任何小昆虫，而且是百发百中，"弹无虚发"。有人曾做过实验，射水鱼竟能射中人的眼睛，并击熄了游客嘴里衔的香烟头。因此，人们称它为"鱼类中的神枪手"。

顽强好斗的斗鱼

在泰国、缅甸和我国云南的一些浅水河里，生长着一种个体不大，性格和公鸡一样非常暴躁的鱼，人们称它为"斗鱼"。

每当两条斗鱼碰在一起，它们便虎视眈眈，怒目相对，全身颜色也会突然变化，先变成绿色，然后变成红色，再变成红里透紫，最后变成青绿色，以显示自己的威力。当一条鱼把另一条鱼咬住开始，两者就拼命斯杀起来，直到一条鱼服输逃走或者被斗伤咬死才算完事。

斗鱼

斗鱼只有公的才爱斗，但公斗鱼也只有遇到另一个公斗鱼才斗，公斗鱼遇到母斗鱼时却表现得非常温顺柔情。当繁殖季节时，公斗鱼会先在水草丛中用草搭成一个"家"，等待母斗鱼的到来。母斗鱼来之后，它就施展奇妙的变得本领，显示出最美丽的色彩迎接情人。这时，如果母斗鱼收拢鱼鳍，褐色的体表呈现出灰色条纹，那就表示它已经接受爱情，公斗鱼也就愉快地转一个身，把"情侣"带回"洞房"去完婚。

❤ 有眼无视的盲鱼

在墨西哥的山洞和水潭中，栖居着一种奇异的淡水鱼，人们都叫它盲鱼。

盲鱼是一种非常美丽的观赏鱼，体长大约为8厘米，身披亮银色鳞片，所有的鳍部均呈奶油色。大约在数万年前，盲鱼的祖先被水流带到了只有很少光线或完全没有光线的地下洞穴内，随着漫长的岁月流逝，它的眼睛因无用武之地而退化，变成了今天的盲鱼。对于一般动物来说，没有眼睛简直是不能生活的，但盲鱼的眼睛虽然失去了它应有的作用，却能够依靠其他器官的特殊感觉来进行正常的生活。它是一种游速很快的鱼，能够自由自在地在水中游动，不会在游动撞上水草、石块或其他的鱼。也就是说，眼睛的退化并没有给它的生活带来什么不利的影响。

在我国西南地区黑暗的地下洞穴中，曾经发现过几条罕见的盲鱼。这些盲鱼最大的体长不到10厘米，它们的外表长得十分奇特：细长的身体粉红而透明，可以清楚地看到它体内的脊椎和内脏，形如一条条玻璃鱼。它们在长期同黑暗的斗争过程中获得了新本领，它们能忍受饥饿，不怕冷，也不怕热。在水温－10～35℃时都不致丧命，生命力极强。

半公 ，半本国半公个一民院留安只由逾半公劝 ，半鞔下的公有只画半
鱼通半招瞬表眼相背非非常猛凶程相⋯ 粘茶糊蹋背卷眠瞬求念⋯公半
越她面半招果破 ，相适 ，人背蹋跟的面美蹋出只显 ，想本鞔安的瞬魏
草糊丛中讯鞔草越个一 ，"睾" 次一招背音晋 ，来院的鱼半招音翠

海洋中的活鱼雷

在海洋动物中，以凶猛程度相比除了鲨鱼外，要算剑鱼了。剑鱼吻由前颌骨及鼻骨组成，向前突出呈剑状，鱼体呈纺锤形，极便于在水中以闪电般的速度猎取其他鱼类，而且其游泳速度极快，可达 130 千米/时，是鱼类中的游泳冠军。

剑鱼平时吞食小鱼小虾，但也敢向大鱼进攻，而且其进攻能力，不仅能撞坏木船，即使是钢板舰船它也能撞得左摇右晃，甚至将钢板戳穿。在第二次世界大战期间，英国游船"巴尔巴拉"号曾遭到一条剑鱼袭击，当时误认为是遭到鱼雷。1961 年英国沿海也发生过类似事件，一艘军舰竟被剑鱼在钢甲船体上穿了好几个洞，幸得飞机载来潜水员及时堵住漏洞才免遭沉没。

那么，剑鱼为什么要攻击船只呢？目前学术界主要有 3 种解释：①剑鱼的游速极快，跟步枪射出的子弹速度差不多，它们在急游中来不及避开船只，所以常与船只碰撞，将利"剑"刺了进去。②剑鱼具有攻击鲸类的习性，可能把海上行驶的船只错当了鲸，因而才发动攻击的。③海上的船只在活动时干扰了剑鱼的生活，从而激怒它们向船只冲击。不过，剑鱼攻击船只也会给自己带来很大的麻烦，它们的长长利"剑"刺进木船以后，往往会拔不出来。要恢复自由，除非折断吻部。

剑鱼

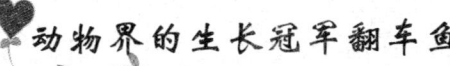

动物界的生长冠军翻车鱼

翻车鱼是世界上最大、形状最奇特的鱼之一。它们的身体又圆又扁，像个大碟子。鱼身和鱼腹上各有一个长而尖的鳍，而尾鳍却几乎不存在，于是使它们看上去好像后面被削去了一块似的。翻车鱼主要以水母为食，用微小的嘴巴将食物铲起。它们常常在水面晒太阳，尽管其形状笨拙，但有时也会跃出水面。

早在20世纪30年代，美国自然史博物馆的鱼类学家古格就曾对翻车鱼进行过研究，并宣称巨大的翻车鱼是动物界的生长冠军。它们的幼鱼仅有0.25厘米长，而长到成年鱼时可达3米长，体重比幼鱼时增加了6000万倍。虽然翻车鱼体重可达2吨半，但它性情温和可接近。雌鱼可带2000万～5000万枚卵。有人曾发现，有一条雌翻车鱼带有3亿枚卵，这可能是世界之最了。

翻车鱼主要是靠背鳍及臀鳍摆动来前进，所以游泳技术不佳且速度缓慢，很容易被定置渔网捕获。它生活在热带海洋中，身体周围常常附着许多发光动物，它一游动，身上的发光动物便会发出亮光，远看就像一轮明月，故又有"月亮鱼"之美名。

翻车鱼

翻车鱼性情温顺，因而常受到人类、虎鲸和海狮的袭击。入夏时节，当大量年幼的翻车鱼随着充足的食物、温暖的洋流进入蒙特雷湾时，加利福尼亚海狮就经常袭击它们。海狮常常撕咬翻车鱼的背鳍和胸鳍，并在水面上攻击它们。如果海狮撕不开翻车鱼厚而硬的皮，它们便把失去活动能力的翻车鱼，像玩飞盘一样抛向水面，成为凶残的海鸥的美餐。大自然安排的食物链就是这样残酷。

❤ 可以发光的鱼

在海洋世界里，无论是广袤无际的海面，还是万米深渊的海底都生活着形形色色、光怪陆离的发光生物，宛如一座奇妙的"海底龙官"，整夜鱼灯虾火通明。正是它们给没有阳光的深海和黑夜笼罩的海面带来光明。事实上，在黑暗层至少有44%的鱼类具备自身发光的本领，以便在长夜里能够看见其他物体，方便捕食，寻找同伴和配偶。有些鱼类发光，例如我国东南沿海的带鱼和龙头鱼是由身上附着的发光细菌所发出的光，而更多的鱼类发光则是由鱼本身的发光器官所发出的光。

烛光鱼其腹部和腹侧有多行发光器，犹如一排排的蜡烛，故名烛光鱼。深海的光头鱼头部背面扁平，被一对很大的发光器所覆盖，该大型发光器可能就起视觉的作用。

鱼类发光是由一种特殊酶的催化作用而引起的生化反应。发光的荧光素受到萤光酶的催化作用，荧光素吸收能量，变成氧化荧光素，释放出光子而发出光来。这是化学发光的特殊例子，即只发光不发热。有的鱼能发射白光和蓝光，另一些鱼能发射红、黄、绿和鬼火般的微光，还有些鱼能同时发出几种不同颜色的光。例如，深海的一种鱼具有大的发光颊器官，能发出蓝光和淡红光，而遍布全身的其他微小发光点则发出黄光。

❤ 胸鳍如翅的飞鱼

在我国海南一带常常可以看到一群长"翅膀"的鱼，跃出水面，飞上飞下，非常有趣，这就是海洋中有名的飞鱼。

飞鱼不是飞翔，感觉上好像是在拍打翼状鳍，其实只是滑翔。飞鱼在水下加速，游向水面时，鳍紧贴着流线型身体。一冲破水面就把大鳍张开，尚在水中的尾部快速拍击，从而获得额外推力。等力量足够时，尾部完全出水，于是腾空，以 16 千米/时的速度滑翔于水面上方几英尺处。飞鱼可做连续滑翔，每次落回水中时，尾部又把身体推起来。较强壮的飞鱼一次滑翔可达 12 米，连续的滑翔距离可远至 200～400 米。要是逃离捕食者。其飞跃的高度足以跳到水上的船只甲板，常常在黎明时刻会发现掉落在甲板上的飞鱼。

飞鱼是生活在海洋上层的鱼类，是各种凶猛鱼类争相捕食的对象。飞鱼并不轻易跃出水面，每当遭到敌害攻击的时候，或者受到轮船引擎震荡声刺激的时候，才施展出这种本领来。可是，这一绝招并不绝对保险。有时它在空中飞翔时，往往被空中飞行的海鸟所捕获，或者落到海岛，或者撞在礁石上丧生。有时也会跌落到航行中的轮船甲板上，成为人们餐桌上的美肴。这种情况

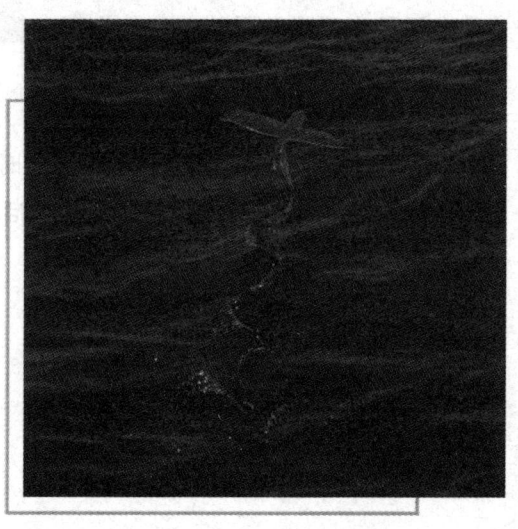

飞 鱼

往往发生在晚上，因为飞鱼的眼力在白天敏锐，晚上常常盲目飞翔。

奇异罕见的四眼鱼

在墨西哥南部到南美北部的河流和海域里生活着一种奇怪罕见的四眼鱼。当地人称它为阿讷勃拉斯鱼。

四眼鱼其实并不是真正具有 4 只眼，而是因为眼球结构十分特殊。四眼鱼的眼球内有一道由上皮细胞构成的结膜通过角膜，同时虹膜又生出两个凸起从中间横亘瞳孔，将眼睛分为上下两个部分，看上去就像是 4 只独立的眼睛，一对朝上看，一对朝下看。同时，四眼鱼眼内上宽下窄的椭圆形晶

体具有特殊的折光作用：从眼球上半区射入的光线通过晶状体聚焦后将成像于视网膜的下半区；反之，从眼球下半区看到的物体又被感知于视网膜的上半区。

目前，世界上许多国家的科学家正致力于研究四眼鱼眼睛独特的生理构造，如果研制成功"四眼鱼镜头"并装备在潜水艇的潜望镜上，那么未来的潜水艇只需升起一根镜管，便可以同时观察到水下、海面、空中的情况，视野大大开阔，既知己又知彼，作战能力可大幅度提高。

四眼鱼

鸟类全知道

♥ 鸟类的储备

很多鸟类储备食物的本能十分发达。像猫头鹰、山雀、啄木鸟和乌鸦等都属于这种鸟类。

小鸱鸮，即雀鸮，具有非常明显的储备本能。随着冬季的严寒和降雪期的到来，鸱鸮想捕到啮齿类已经变得越来越困难了。这时候，它们只好钻进树穴，把希望寄托在自己仅有的储备上。据目击者说，仅在它的一所寄存处就发现有86只啮齿类尸体，其中，田鼠的数量居首位。其他种类的鸮，譬如长耳鸮也进行食物储备。

乌鸦与喜鹊只做一些为数不多的食物储备。不过，它们收藏的方式只是简单地把食物覆盖到植物落叶下、干草或雪里。但这大概是我们北方出现的现象。所以，乌鸦和喜鹊在严冬出现的这种行为是不足为怪的。类似的储备方式松鸦也具备。有时候，它们总把橡实和西洋榛子埋在土里作为储备食品。

众所周知，鸟类为了保障自己顺利越冬或养育幼雏，在一定的时候也进行食物储备。但是，一般说来，大多数鸟类并不储备食物，因为它们采取迁飞性的生活方式而不需要冬储。至于说到伯劳鸟的夏储，那么这只是营巢期的事，而且天气不好也会影响它们对毛虫、蜥蜴、青蛙和小鸣禽的猎获。

在美洲有一种啄木鸟可以建造储备仓库。这种鸟因披有黄铜色的羽毛而被称为"铜啄木鸟"，栖息在墨西哥、美国得克萨斯州和密苏里河林区。

它的仓库已被学者索修尔考察清楚。在已经熄灭的比萨罗火山口周围，没有任何植被。山坡上堆满了凝固的火山岩，只有已经适应当地干燥和炎热气候的唯一的龙舌兰标本还可以见到。这里只有铜啄木鸟盘旋在一棵棵干燥的龙舌兰茎秆周围，并利用它作为自己的仓库。铜啄木鸟在茎秆上凿洞，并把橡实塞进去。它们就是采取这种方法来完成这项储备任务的。第一个洞口离地面最近，其他洞口依次升高，直到茎顶。铜啄木鸟的劳动十分繁重，不仅要凿洞，还要肩负橡实的运输。但火山附近没有橡实，因此，它们不得不飞到数千米以外的地方去索取。这种啄木鸟的仓库具有独一无二的优越性：由于仓库位于高处，橡实无论何时也不会受潮。此外，还可以完全避免鼠害或兔害。这里的夏天长达 6 个月之久，啄木鸟就在这个时候开始利用这些储备食品。此时所有的植物都已枯干，也没有昆虫。可以设想，如果没有仓库，这种鸟是不可能生存下去的。

❤ 辽阔天空的遨游者

"准确性"一词大家都熟知。候鸟可以说是"准确性"的最佳体现者：它们每到秋天都要离开孵卵地飞往南方，而春天又重新返回故地产卵和孵化后代。这种规律性是如此严格地固定了下来，而且各种鸟类都无不这样准确地遵循着，古印度的某些月份甚至也是以某种候鸟的名字来命名的。在上述有关章节里，已经描述了蝗虫的毁灭性的入侵和鱼类的大规模洄游。但应当指出，鸟类在动物界里无疑是创纪录的旅行家，因为，只有它们才能完成最遥远距离的迁徙。

不少种候鸟，例如鹤和燕，特别是其中在中非和南非过冬的那些鸟类居然能够飞越数千千米，还有一些鸟类完成了打破纪录的飞行距离。比如，北极燕鸥竟能一年二次地征服南北极间的空中之路。

那么，迁徙鸟类用多大速度飞行呢？譬如，野鸭平均速度为 70～80 千米/时，燕为 55～60 千米/时；在英国被环志的一只红尾鸲经过 24 小时后便在美国就范，昼夜飞行了 3500 千米。必须指出，风向对飞行速度有很大影响。通常一只鸟在无风时飞速为 40 千米/时，顺风时为 50 千米/时，而在迎风时飞行速度则大大降低。特别是突如其来的骤风更能降低飞行速度。不同迁移鸟群的飞行高度也是不同的。例如，小鸣禽飞行一般不高于地面100米；椋鸟、乌鸦和鸫喜欢在150~500米高度飞行；而鹳则为900~1300米。很多鸟类都能达到人类假若没有氧气装置就不能生存的那种高度，这些鸟在旅行时不得不战胜高山高原。

迁移现象还见于某种不能飞的鸟类。以企鹅为例，这种鸟通过在起伏不平的冰面上用腹部滑行或者在海洋中游泳的方式，有时可以"步行"2000千米。随着南极洲各地冬季的到来，它们开始向北方移动，甚至有时到达非洲和南美洲的南部海岸。走禽类的某些代表，例如鸵鸟，能沿固定的方向"步行"上千千米。

奇异的鸟

非洲基尔森林里有一种鸟，全身杏黄色，只有在头部和翅膀上有羽毛，其他部分都是光溜溜的，活像一只硬壳球。奇特的是，一到夜间，"硬壳球"就闪闪发光，亮度相当于一盏2瓦的电灯。那里的居民捕捉到这种鸟后养在笼子里，夜间当灯用，走路时提着它，好像提着一盏灯笼。

南非森林里有一种叫冠鸟的，因头戴一顶色彩鲜艳呈三角形的羽冠帽而得名。这种鸟大小如喜鹊，身披五光十色的羽毛，外加一顶鲜艳羽冠，看上去非常美丽。这种鸟的两个趾爪极为发达，一生极少下地活动，既能像松鼠似的在树上跳来窜去，又如啄木鸟那样能在树干上爬行。

鸟为了适应环境生存下去，自有一套聪明的办法。美国西部和墨西哥北部的沙漠里，有一种长尾鸟，不会展翅高飞，通常是步行前进，奔跑时速度极快，可达500多米/分，当地人称它为跑路鸟。令人惊诧的是，这种鸟的体温能随环境气温的升降而发生变化，在昼热夜凉的沙漠里，它晚上的体温可下降7℃；清晨太阳出来后，它张开双翼进行"日光浴"，使体温回升，每小时可吸收2299焦耳热量。

我国新疆和黑龙江下游冲积平原的桦、柳丛林地区，生活着一种雷鸟，这种鸟一年中随着环境气候的变化要变换4次羽色。春天，它的羽毛呈麻黄

色；盛夏季节一到，又换成了一身黑色的夏装；金秋时节，变成了褐棕色；时过"霜降"，雷鸟又摇身一变，穿上了白色的冬装。它通过不断变换自己的保护色逃避敌害，使自己安全生活。

生活在青海高原的鸟，能像耗子一样钻洞，在洞里休养生息。青海高原是典型的大陆性气候，寒季较长，不长树，只长草，而且草原上的气候变化万千，时而万里晴空、风和日丽，时而阴云密布、风雨交加，有时飞沙走石、大雪纷飞。因此，鸟儿要适应这恶劣的气候条件，求得生存和发展，就必须找一个适宜的北方。于是，它们找到了许多废鼠洞、兔洞、哈獭洞等，在洞中过日子，确保其万无一失。

有些鸟似乎和人类特别富有感情。南美玻利维亚地区，有一种鸟的腹部有一个奶囊，平时不断地分泌出营养丰富的奶汁，有趣的是，它的奶汁不用来哺育幼鸟，而是飞到地上，让人们把奶汁挤去。当地不少婴孩就是靠这种"天赐"的鸟奶哺育长大的。

南美洲秘鲁有许多甜柳树林，是由一种叫"卡西亚"的鸟儿们营造的。这种鸟特别喜欢吃甜柳树的叶子，吃的方法又很特别。它们先把甜柳枝从大树上折下来，然后，用嘴叼起甜柳枝，成群飞到无人居住的荒地上才停下来，接着，用嘴在地上挖一个小坑，把柳枝插进去，用土埋实，最后才慢慢地一片叶子一片叶子摘下来吃，直至吃完才成群飞走。由于柳枝生命力很强，一落地很容易成活，几年后，到处是一片一片的甜柳树林了。

非洲布隆迪地区有一种"射击鸟"，一嗅到大灰狼散发出来的臭气，会立即投石驱逐。这种鸟的舌头弹性很大，能把100～150克重的石子弹射到50～60米远，速度快且准。大灰狼遭到突然袭击就纷纷逃走。当地居民养"射击鸟"用来驱逐大灰狼，保护家畜。

日本北部地区，有些农民驯养了一种老鹰，这种老鹰会替主人看守庄稼，并能忠诚地完成自己尽应的职责，从不远走高飞。

拉丁美洲尼加拉瓜的救火鸟，只要发现哪里起火就成群结队地飞去，从嘴里喷出一种特殊的黏液，迅速把火熄灭。经科学家分析，发现这种黏液中含有高效的灭火物质，所以能灭火。

鸟类的语言

据科学家统计，目前全世界约有 9000 种鸟，它们中间约有两三千种不同的语言。为了弄清鸟类的语言，最近几年，鸟类学家根据人耳的原理，将瞬间获听的鸟语进行解剖。已经弄懂了不少鸟类的语言。比如鹩这种鸟在各种情况下能使用 26 个基本语句，乌鸦的语言至少有 300种。研究结果表明，各种鸟类都有自己的当地方言，即使同类鸟，由于住地不同，语言也不通，如伦巴第的碛鹬就听不懂欧洲中部来的同类鸟的语言。美国密执安湖畔的乌鸦和意大利佛罗伦萨的乌鸦就没有共同的语言。城市的乌鸦和农村的乌鸦相互间也不能理解。有人曾做过这样一个实验，把法国布列塔尼地区的乌鸦报警声录在录音磁带上，把这个录音磁带带到美国大陆，在那里多次向美国的乌鸦播放，可是美国的乌鸦对法国同伴的报警叫声毫无反应。为了便于人们饲养和招引鸟类，苏联科学院鸟语研究室根据各种鸟语声波振动曲线和鸟类行为进行对照，编成了一本《鸟语词典》，词典中记载着各种鸟的叫声及其所包含的意义，还记载着鸟的歌唱，认为鸟的歌唱很复杂，有的鸟只会唱一支歌，如美国的白头鸟；而有的鸟就能唱很多支歌，如苍头燕雀就能唱千支歌，并会把 4 支歌前后排列，变成 12 支歌唱出来，表示 12 种不同的意思：母爱、恋歌、求助等。

许多鸟具有说话、模仿、歌唱的天赋，经过训练后更是才能出众。鹦鹉不仅能学舌，而且会做诗，在我国的史诗中早就有过不少这方面的记载。

八哥也能说话。北京某公司曾经有一只笼养的八哥，它见人就问："吃过啦？"要是谁给它吃一条草虫，它就会爽朗地叫一声："劳驾！"，常逗得观众笑声不绝。

澳大利亚琴鸟，能模仿 20 多种其他鸟类的鸣叫声。美国的拟物鸟，能模仿雄鹰的嘶叫声、家禽的咯咯声、锯木的喧噪声、铁锤的锤打声等。它们模仿得惟妙惟肖，简直令人分辨不清。更奇的是，前不久在印度尼西亚三宝垄市举行了《森林之声》鸟类歌唱比赛，一只名叫阿尼的椋鸟用悦耳的歌喉唱了一首印度尼西亚国歌，使评委和观众们叹为观止，从而获得了这次比赛的冠军。

"飞奴传书"说信鸽

信鸽在人类的通讯史上留下了不灭的功劳。在科学技术发展的今天，虽然已经有了电话、电报、飞机、卫星、传真等先进的通讯工具，但是，信鸽由于它传递信息不受天气和地理条件的限制，更为难能可贵的是信鸽还能遵循主人的意图，避开敌人的耳目，因此，在民用、国防和科学研究方面，信鸽还有它特殊的用途。在某些场合，信鸽还是最理想的空中义务通讯员，所以目前许多国家还驯养信鸽，有的还成立了信鸽协会。英国普利茅斯的一家医院饲养训练了12对信鸽，用来传送血样。这批信鸽已经传送了1000多份急用血样，全都准确地送到目的地，比当代最快的小轿车还要迅速，更为经济。

信鸽作为空中快速通讯员，具有奇异的天赋条件。信鸽具有典型的鸟类特征。它的形态和构造都像经过高明的设计师精心设计的那样，适合空中快速飞翔。鸽子的身体呈流线型，飞行时受空气的阻力最小，羽毛不仅有保温作用，更重要的具有飞行功能；骨骼质地轻盈，结构坚固，是一种特制的有机"合金"；和飞翔有关的胸肌特别发达，运动有力，而与飞翔无关的躯干、背部肌肉退化，皮肤极薄，而且和肌肉的连接不紧密，不妨碍飞翔时肌肉快速收缩；生殖系统简单化，以减轻体重；循环系统比爬行动物进化，出现了动脉、静脉血分流，代谢作用旺盛；呼吸系统特殊化，由支气管延伸形成5对气囊，深入到胸部、腹部和胫部，使鸽子在空气中获得更大的浮力，可以减少飞行时的能量支出。

信鸽的飞行时速可以达到100多千米，短距离的最快飞行时速将近300千米，在鸟类中仅次于游隼追捕猎物时的速度。信鸽不仅是短途的快速"邮差"，而且是远程的得力"信使"。有人从法国放飞信鸽，让它飞回到越南的西贡，整整飞行了24天，游经将近半个地球。从信鸽的飞行潜力来看，环球旅行也是有可能的。1971 年 11 月 27 目，澳洲昆士兰肯纳慕拉地方有人发现脚环上有德国"汉诺佛"城字样的一只信鸽。这只信鸽从欧洲飞到澳洲，飞了 16000 千米。

信鸽在遥远的飞行途中，为什么能够准确无误地飞到目的地呢？经过研究，人们从几方面作了解释。有人测定，鸽子的视力特别发达，目光敏锐。新西兰集成电路厂训练家鸽当产品质量"检查员"，鸽子能从川流不息的传送带上，迅速准确地把印刷线路板的次品拣出来。鸽子的视野广阔，人类的视野不到 10 千米，而鸽子飞到 1 千米的高度时，视野可达 100 千米。有人还认为，鸽子的记忆力很强，对 5 ~ 10 千米以内的景物，它熟悉了可以记得清清楚楚。美国海岸警卫队将 3 只鸽子安放在直升飞机上，这些经过专门训练的鸽子双眼锐利，在茫茫无际的大海上能迅速搜寻到遇难落海的飞行人员。它们一旦发现目标，就会用嘴啄动微动开关，向驾驶员发出信号。在大海上寻找遇难人员，飞行员的准确率只有 35%，而鸽子的准确率高达 96%。

信　鸽

不过，信鸽如果光凭视力和记忆力，要从几千千米甚至上万千米返回原地是难以想象的。于是人们猜想，鸽子是不是有一个看不见的导航系统呢？1855 年，有人提出了"鸟类地磁导航说"。为了证明这个设想，科学家们做了这样一个实验：在鸽子的头上装上两个线圈，在背部放一组轻便的电池。改变电流方向，线圈磁场的方向也就会改变，结果鸽子飞行的方向也受到干扰。这说明鸽子的飞行与地磁方向有着密切的关系。近来，美国科学家果然在鸽子的头部解剖出 1 平方毫米的磁性组织，这也许就是鸽子体内的"指南针"。德国科学家还通过实验，证明鸟类有识别天体的本领。他们认为鸟类在长途飞行中，是借天体来识别方向的，白天依靠太阳，晚上依靠星座确定方向。信鸽如果也能识别天体，它远途飞行的本领当然就神通广大了。

信鸽是人类的好朋友。人类与信鸽的相识相处已经几千年，但对信鸽的研究和认识还没有完结。

凶猛的菲律宾食猴鹰

菲律宾食猴鹰属隼形目，是世界上最珍稀的鸟兽之一。据生态学家的统计，这种食猴鹰目前仅存100只左右，可谓濒临灭绝的境地。菲律宾食猴鹰姿态雄伟威严，体重大都在10千克上下，当其伸展双翅时，翼长可达2米，让人不寒而栗。

菲律宾食猴鹰的眼睛呈蓝色，显得炯炯有神。它浑身羽毛丰满，宽阔而健壮的翅膀，巨大的钩嘴和阴森的黑脸，构成了它凶残的外貌。高亢威严的叫声，更增加了它的凶相。它依仗强有力的钩嘴和利爪能轻易地撕裂啮齿类动物和爬行动物，就连素以聪明伶俐著称的灵长类动物也逃脱不了食猴鹰凶猛的捕杀。

1894年的一天，动物学家正在菲律宾的热带森林中进行考察，看见一群山猴正在丛林中嬉戏玩耍。突然，几只成年猴叫喊着朝密林深处跑去，小猴们也尖叫着紧随其后，唯恐脱离猴群……"这是怎么回事？"科学家们窦生疑问，猴群为何如此惊慌，难道是遇上了天敌？就在这时，科学家们发现头顶上空盘旋着几只黑色的菲律宾食猴鹰，它们优哉

食猴鹰

游哉地在高空滑翔，不多时便朝地面俯冲而来。早有戒备的群猴凭借着它们高超的攀缘技术，攀树穿林，一次又一次地避开了食猴鹰的各种袭击，精疲力竭的猴子嚎叫着东奔西窜，几只弱小的猴子远离了猴群。此时，发了急的食猴鹰便避实就虚地朝幼猴猛扑过去，它不失时机地一个俯冲，强有力的脚爪抓住了猴身，钩状尖嘴猛击猴子的头部……几只壮年猴眼看幼猴被捕，嚎叫着试图与食猴鹰一决高低，又唯恐性命难保，真是进退两难。遍体鳞伤的幼猴拼命挣扎着，但最终还是未能逃脱食猴鹰的魔掌，血肉染红了森林大地……

　　菲律宾食猴鹰的食性很杂，但主要以肉食为主，麝猫、蝙蝠、蜥蜴、蛇和田鼠等都是它的可口佳肴。它还经常飞临农田和乡民村落，突然捕食小狗、小猪、小鸡等家畜，据说在它饿极了的时候，还会主动攻击人。

北极鸟类的克星

　　说起北极，人们自然想到冰天雪地，然而在这种严寒的地区却生长着世界上最大型的隼形目鸟类——白隼。白隼全身镶嵌着灰黑色的矛状斑纹，眼眶、嘴基和脚趾均为黄色，脚爪为黑褐色，它的翼长可达40～50厘米，重约2千克。白隼遍布北极苔原地带，栖息北极荒原、山林和高原，可以说是北极的长驻"猎手"。

　　和隼形目其他鸟类一样，白隼飞得快而高，更突出的是具有耐久飞翔能力，而且善于袭击小鸟和小型啮齿类动物。

　　科学家们发现，白隼眼睛视网膜上的视觉细胞密度很大，视觉细胞多达150万个，比人类的20万个视觉细胞多出许多，可想而知，

白　隼

它的视力要比人类强得多。

白隼的主要食物是松鸡。除此之外，寒鸦和岩鸽也是北极白隼经常袭击的对象。看白隼捕捉岩鸽非常有趣。开始捕捉时，雌雄白隼配合十分默契，雌鸟在发现岩鸽的洞穴后鸣叫告诫雄鸟，而后自己突然飞进岩洞，洞内受惊的岩鸽被白隼的"来访"扰得四处飞散，争先恐后地挤出洞穴，而此时雄白隼却笃定地守在洞外进行捕杀，可怜岩鸽一家有时就在白隼的洗劫下毁于一旦，只有那些特别灵巧的岩鸽，或许还能逃脱白隼的利爪。

捕杀幼鹿的能手

鹰是人们非常熟悉的一种隼形目猛禽。鹰的体羽大多呈斑驳的黑褐色，它有一对长而健壮的翅膀、锋利倒钩的嘴和坚实有力的爪子，堪称空中霸王。

从鹰的翼面与体重的比例来看，翼面比其他鸟类大得多，这样使其在空中飞行的受力面积增大，相应地升力也增大，因此肌肉不必作很大的功，在上升气流中，用不着扑扇翅膀，就可向前滑翔。

科学家们发现，鹰的视觉异常敏锐，视锥细胞密度达每平方毫米 100 万个左右，而人的眼睛只有 14 万个左右，因而，在几千米高空翱翔的鹰能清晰地发现地面田鼠、黄鼠等小动物的活动。

强劲有力、锐利无比的鹰爪和喙，是鹰类捕食的有力武器，它能将猎物很快撕成碎块。鹰主要捕食蛇、蜥蜴和鸟类等小型动

鹰

物，但对一些较大的动物（小羊、小鹿等）也经常采取各种方法进行袭击。

狡猾的鹰常垂涎欲滴地盘旋在森林上空，注视着地面上的动静，可爱的小鹿常是它进攻袭击的理想猎物。当母鹿紧追不舍地保护着小鹿时，鹰便发出类似重物落地的声音，惊吓小鹿，并用健壮有力的翅膀扑打小鹿，母鹿在惊慌中与幼鹿离散，眼睁睁地看着鹰用喙和利爪，将小鹿活活杀死。有时，鹰还会在小鹿头上翱翔，恐吓小鹿，逼着它跑到悬崖边，在惊恐中小鹿失身堕崖，鹰却随之即来，收拾尸骨，饱餐一顿。看鹰捕杀乌龟煞是有趣，当鹰在天空飞行时，乌龟便紧缩四足和脑袋，企图凭借坚硬的外壳予以抵抗。可没想到，鹰却用一种绝妙的方法来捕食乌龟，它把乌龟抓起并从高空抛下，尔后再抓起再抛下，如此往复，摔得乌龟血肉模糊，经过几个回合的折腾，乌龟疼得伸足探头，此时鹰便轻易地咬住它的颈部，猛咬横撕，吞咽下肚。

留住大雁

冬去春来，一群群大雁排成"一"字或"人"字队行从南方飞往北方的故乡。

我国共有9种雁，风姿各异。头顶有2道黑色带斑的斑头雁；头顶和后颈正中有1条棕褐色带的鸿雁；黑嘴端具1个黄斑的豆雁；额基具白斑的白额雁等较为常见。它们在不同地区过冬。我们熟悉的一种大雁——鸿雁，在长江中下游直到东南沿海的大片区域越冬。即便是同一种雁还会分成各个群体，有的在鄱阳湖越冬，有的则在洞庭湖或太湖越冬。斑头雁则要飞过珠穆朗玛峰去印度等地越冬，这也创造了鸟类高飞纪录——9500米。

雁常常数百只汇成一群一起迁飞，景象蔚为壮观。但一般不易见到。因为雁是一种夜行鸟，迁飞大多在下半夜到清晨以6～9千米/时的速度赶路。另外雁的飞行常在500～1000米的高度，就更不容易看到。

雁是候鸟，候鸟为什么要南来北往，科学家有种种解释，但生存和繁殖肯定是造成它们迁飞的重要因素。解决好了这两点，候鸟也可以变为留鸟。上海动物园饲养的雁就是一个例证，栖息在园内天鹅湖的雁群，徜徉

在碧波中，嬉戏追逐，不时划开水面腾飞蓝天，结成雁阵在天鹅湖上空自由翱翔，但它们并不离开天鹅湖，不去北方，也不去南方，天鹅湖就是它们的家。春天它们结伴在小岛的芦苇丛、竹丛下繁衍后代，冬天它们结群畅游在天鹅湖中。

4000年前人类就驯养了灰雁和鸿雁，成了今天的鹅。上海动物园的这群大雁，就是从雏雁开始驯养的。由此可以证明，许多鸟类都可以成为人类的朋友，而且可以为人类做许多事情。不过我们人类要有起码的爱心，不要任意捕杀、伤害它们，不

大 雁

要对它们生存栖息的环境构成威胁。人和鸟类的生命是同等重要的，伤害了它们就等于伤害了我们自己。让我们为鸟类和我们自己创造点儿好的环境，留住大雁。

天鹅仙女

天鹅以一身洁白如雪的羽衣，颀长优美的体形，从容高雅的浮游以及飘飘然的翱翔，给人一种优雅高贵的感觉，仿佛它是善良与圣洁的化身。芭蕾舞《天鹅湖》就是艺术家们从天鹅的仪态中得到灵感而创作的。

全世界有8种天鹅：①大天鹅，体长1.5米，全身羽毛除头部略显浅黄色外，均为纯白色。颈修长，嘴基两侧的黄斑沿着嘴的边缘伸向鼻孔下方。②疣鼻天鹅是天鹅中体型最大最美的一种。体长1.6米，体羽洁白，与众不同的是前额有明显的黑色疣突。③小天鹅，体长1米以上，和大天鹅最大的不同是嘴基部的黄斑不到鼻孔，是我国最常见的一种天鹅。④黑天鹅生活在澳大利亚，身穿黑褐色的羽衣，羽毛稍有卷曲，额上有一红色肉瘤很是

显眼。⑤黑颈天鹅的故乡在南美洲，一冬季在中美洲越冬。它们的头和颈部羽毛黑亮，嘴基长有红色肉瘤，眼角有白眉。⑥喇叭天鹅是北美洲的一种大型天鹅，因它的叫声像喇叭声而得名。嘴巴较长黑色，体羽却洁白如雪，与黑色的嘴形成鲜明的对比。⑦别维克天鹅产于北欧和东欧，体型小于大天鹅，嘴接近全黑，羽衣洁白光亮，煞是耀眼。⑧考思考力巴天鹅生活在南美洲，头颈和嘴巴都比较短，是8种天鹅中体型最小、数量也最少的一种。

在上述的8种天鹅中，大天鹅、疣鼻天鹅、小天鹅在我国也有分布，主要在新疆、青海、内蒙古和黑龙江等地。每当春风吹绿草原、沼泽地时，大批的天鹅经过长途飞行由南方飞回故居的湖中。

在天鹅居住的地方，也会有个美丽的名字"天鹅湖"，在我国新疆乌鲁木齐市西南方的巴音布鲁克，有很大的水域面积，由湖泊、河流与沼泽地带构成的地域，地理上的名称是尤尔都斯盆地。这里虽称盆地，可海拔却有2000多米。

天　鹅

原因是它的四周都被高耸入云的天山诸峰所包围。这里地域开阔，充满了丰富的水源和植物，是许多候鸟度夏、繁殖的理想地区。其中天鹅也在此繁殖。所以该地被称为天鹅湖。

在种类繁多的鸟类中，天鹅保持一种令人称奇的"终身伴侣制"，它们不仅在繁殖时期彼此互保互助，共同照料后代，在群聚、休息、觅食、迁徙时也是成双成对，互相厮守。如果有一只死亡，另一只痛苦异常，或忧郁而死，或终生不再嫁娶，单独生活。

动物知识全知道

DONGWU ZHISHI QUAN ZHIDAO

♥ 可以为人们导航的鲣鸟

在我国浩瀚的南海海面，撒着一片珍珠似的岛屿、礁石、沙洲，古时叫七洲洋，也就是现在的西沙群岛。东岛是西沙群岛中的一个小岛，位于永兴岛东南 20 海里处，面积仅 10 万平方米左右，东岛盛产鲣鸟，被誉为鲣鸟的故乡，又称鸟岛，是鲣鸟的自然保护区。

世界上鲣鸟有 9 种，都分布在热带海洋，我国有白鲣鸟和褐鲣鸟两种，都是国家二级保护动物。白鲣鸟又名红脚鲣鸟，嘴大而直，筒状，绿色；羽衣洁白，脚短小趾间有蹼，能游水但不善行走。它们的飞翔能力极强，能在海上连续飞行，时速达 50 千米。

每天清晨，鲣鸟成群结队飞向大海，在海面盘旋寻找鱼群，当地渔民常跟踪鲣鸟航向，寻找鱼群撒网捕之，故称它为"导航鸟"。晚上鲣鸟准确地飞回岛上。鲣鸟对气候的变化也十分敏感，每当台风或暴雨即将来临之时，它们就及早返回岛上，渔船见到这种情景，也立即收网返航，所以渔民又称它为"气象鸟"。

鲣鸟的胆子很大，并不畏人，人们上岛，它们并不飞走，甚至可以接近抚弄。每年春夏之时是鲣鸟的繁殖季节，这时的鲣鸟会对人实行"暴力"，受到人的惊动，会向人俯冲，"嘎嘎"叫着把粪便洒向人头。由于岛上鲣鸟很多，它们的巢高低错落，充分利用空间，有的巢离地面仅 60 厘米，小鲣鸟出世后，长着白色羽毛的一巢巢小鸟，把绿色丛林点缀的白蒙蒙一片，如秋天的棉花地，十分壮观。

鲣鸟有坚固的骨骼，嘴上方的鼻孔可以完全阻塞，头部和胸部的

鲣 鸟

皮下有海绵状的空气层，可以缓冲从高处往水中跳时产生的冲击力。

鲣鸟在捕鱼返回时，常遭到贼鸥的袭击。贼鸥性情凶猛，长嘴具锐利的弯钩，它常守在岛上，发现有飞回的鲣鸟就迅速出去，用嘴咬住鲣鸟的尾和翼，或用身体撞击，迫使鲣鸟把鱼呕吐出来，而它即迅速在空中接住，扬长而去。当地人称它为"强盗鸟"。于是，鲣鸟就不得不再去海中捕鱼。好在贼鸥的数量远不如鲣鸟多，尚不足威胁鲣鸟的生存。

鹤中美人

白鹤在鹤类家族中是最漂亮的一种。个体比较大，体重约 6 千克，全身披着洁白光亮的羽毛，头的前半部和两条修长的腿，银装素裹，亭亭玉立，显得格外娇秀。它那流线型的身躯和昂首漫步的举止，更是风度翩翩，潇洒妩媚。当它们伸展双翅在天空翱翔的时候，可以看到它的翅尖是黑色的。根据这个特点，当地群众又形象地叫它黑袖鹤。它美丽动人的形象，就像是美丽的仙子，因此，人们常用绘画、雕塑、诗歌来描绘它，赞美它，把它看成高洁、长寿和吉祥的象征。

白鹤生活在沼泽地，繁殖期间的主要食物是小鱼、软体动物和水生植物。越冬期间完全是素食，光吃水生植物的根芽。

白鹤的越冬地在处于温带、亚热带的中国、印度、伊朗。白鹤每年都要随季节变化迁飞，迁飞时很有秩序，常常排成"一"字形或"人"字形队伍，边飞边鸣叫。曾经有人看见白鹤飞越世界屋脊——珠穆朗玛峰的壮观场面，这就是说白鹤可以飞越近 9000 米的高度，这在鸟类中是少见的。

白鹤飞到越冬地后，过着明显的群居生活。常常几十只或几百只

白 鹤

聚在一起，如果仔细观察一下鹤群，就会发现形影不离的白鹤家庭是组成鹤群的基本单位，而白鹤家庭是由"爸爸"、"妈妈"和一个"孩子"组成的，很少见到有2个"孩子"的家庭，还有的家庭1个"孩子"也没有，这就是说孵出来的小鹤不能完全成活。生活在大自然中的白鹤要面临许多威胁，例如它们赖以生存的沼泽湿地正在不断被侵占和破坏，水也遭受污染，环境日趋恶劣，这些都使白鹤家庭不能兴旺发达。

在刚刚结束的第四届环鄱阳湖越冬候鸟调查中，调查人员共目击到世界性稀少鸟类白鹤4004只。这一数字创造了有记录以来全球白鹤数量的新高，鉴于白鹤数量急剧减少，国际生物学界公认白鹤已进入濒危状态，记入专门记载濒危物种的红皮书里，我国把白鹤列为一级保护动物，并在越冬地——鄱阳湖建立了自然保护区。我们期待着通过保护白鹤的具体措施的实施和科学研究，使白鹤的种群得到恢复，使这种珍稀漂亮的鸟类伴随人类生存下去。

树木医生

树在森林、村庄，甚至有高大树木的庭院，常会听到一连串的"笃！笃！笃"声。这就是树木医生啄木鸟在给它的"病人"进行"敲诊"呢！你如果循声前往，就可以找到这个"医生"和"病人"，就可以看到从"诊断"到"治病"的全过程。

要给树木"治病"，首先要有攀登树木的功夫。啄木鸟的脚趾两前两后，趾端有锐爪，适于攀住树木；尾羽的羽干又硬又直，还富有弹性，可以撑住树干，帮助脚支持体重。有了这样的尾和脚，啄木鸟还能绕着树干旋转着攀登。在攀登的过程中，啄木鸟用强直如凿的嘴急速叩木，如发现某处有虫，啄木鸟就紧紧地攀住树干，就地来个小外科手术，用嘴将树皮啄破，然后再用它那细长且前端有钩的舌头将虫从树木生病部位钩出来吃掉。如此一来，啄木鸟既为树木治病，又填饱了肚子，可谓一举两得。

啄木鸟种类很多，黑啄木鸟、三趾啄木鸟、大斑啄木鸟等对森林劲敌小蠹虫捕得都很出色。它们往往要把整棵树的小蠹虫彻底清除才转移到另

一棵树上，碰到虫害严重时，它能在这棵树上连续工作几天，直到完全、彻底消灭为止。黑啄木鸟个儿不小，食量很大，有人曾在一个黑啄木鸟的胃中捡出 650 条桦木小蠹虫。这并不是最让人惊叹的，还有人在黑啄木鸟的胃中发现了 740 条蠹虫幼虫、139 条蠹虫、20 条叩头虫、2 条云杉天牛、2 条吉丁幼虫、5 条其他岬虫和 5 个蛹。看来黑啄木鸟真是个大肚汉。

啄木鸟中最常见的是绿啄木鸟和斑啄木鸟。绿啄木鸟的体长约 30 厘米，体羽主要是绿色，下体灰色带有绿色。雄鸟的头顶羽毛呈鲜红色，非常漂亮。绿啄木鸟在春夏两季主要以昆虫为食，在秋冬季，吃些种子等植物性食物。

斑啄木鸟的个子比绿啄木鸟略小，上体羽色是黑底有白斑（主要在翅上），下体棕白色，尾下红色，雄鸟头后红色。跟绿啄木鸟一样，它也主要吃昆虫。所

啄木鸟

食昆虫种类主要有天牛幼虫、金针虫、椿象、蚂蚁、鳞翅目的幼虫等。冬季，昆虫稀少，斑啄木鸟也以野生植物种子等为食。冬天，为了寻觅食物，斑啄木鸟过着"流浪汉"式的生活。

害虫公敌

浩瀚的大森林郁郁葱葱，但是有时候却会受到松毛虫等各种害虫的侵害。森林受害，大片大片地枯死，像火烧似的，严重时会造成森林大面积死掉。对那些身上长毛的虫子，一般鸟类都望而生畏，不敢捕食。而杜鹃却毫不畏惧。据观察，一只杜鹃 1 小时能啄食上百条松毛虫，一个夏季可消灭 3 万多只大大小小的松毛虫，可以抑制 2.6 公顷森林免受危害。杜鹃从小

就吃大量农林害虫，它不但吃毛虫，还爱吃蝗虫、金龟子、蝶等鳞翅目的幼虫，是出色的食虫益鸟。

杜鹃分布于全世界，在我国就有16种之多。如大杜鹃、中杜鹃、小杜鹃、四声杜鹃、八声杜鹃、鹰鹃等都是捉虫能手。

大杜鹃是最常见的一种，春夏之交常听到"布谷！布谷"地叫，甚至通宵达旦，杜甫曾写过"布谷处处催春耕"的诗句，可见古时人们对它就有深刻的印象。

杜鹃是一种极善于隐蔽的鸟，它不爱抛头露面，常躲藏在茂密多叶的树上或树林深处。所以经常只闻其鸣声，不见其身影。大杜鹃形似猛禽中的雀鹰，但较瘦小些，嘴长而微弯曲，不呈钩状。体背石板灰包，腹面白色而有黑褐色横纹，尾羽黑色，先端具白斑。

大杜鹃栖息在比较开阔的林中，特别喜欢生活在有水、有芦苇的环境。杜鹃历来是不搭窝、不孵卵、不育雏的。它偷偷地把卵产到别种鸟类的巢中，让义亲去孵卵育雏，也是一种巢寄生繁殖。大杜鹃可以把卵产到大苇莺、灰喜鹊、棕扇尾莺、云雀、伯劳、卷尾等许多种鸟的巢中。它产的卵的颜色变

杜 鹃

化很大，可接近被寄生巢中卵的颜色。趁巢主不在，快速产下1枚卵。如果比较小，不便于在巢内产卵，它还会把卵产在地上，然后再用嘴叼进巢里。

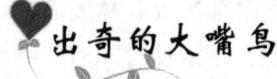

出奇的大嘴鸟

在我国南方热带雨林中生活着奇特的大嘴鸟——犀鸟。

犀鸟的嘴形特殊，那两片大嘴，再加上嘴背面的盔突，粗看上去真有点像犀牛角。

犀鸟大体可分为2类，一类地栖的，一类树栖的。地犀鸟只产在非洲的稀树草原地区。树栖的产于亚非两洲的热带雨林或亚热带常绿阔叶林中。我国广西产冠斑犀鸟，云南除冠斑犀鸟外还有双角犀鸟、棕颈犀鸟共3种。

冠斑犀鸟是3种中最小的一种，全身以黑色为主，只有胸腹部和尾羽是白色。在黑色体羽中反射出一种蓝绿色光泽。眼周的裸露皮肤，雄鸟是蓝黑色，雌鸟为肉白色。嘴显得很大，尤其是喙上方的盔突特别高大，嘴峰的长度可超过20厘米。嘴和盔突都是蜡黄色，但盔突上喙和两侧都有黑色带状斑纹，这些斑纹的大小和深浅可以区别犀鸟的年龄和性别。

生活在我国界内的3种犀鸟有着明显的区别。冠斑犀鸟最小。双角犀鸟要大得多，在飞禽中，可称得上庞然大物了，连头带尾长达1.2～1.3米，嘴长28厘米。它的颜色主要是黑白交错，面颊、喉、颏、肩背、胸和腰部黑色，腹部、翅覆羽和翅尖是白的，尾羽也大都白

犀 鸟

色，仅在中间有一黑色带。它的上嘴和盔突呈橘黄色，下嘴和颈部则为乳白色。雄鸟的虹膜红色，而雌鸟的虹膜白色。棕颈犀鸟的大小介于前两种之间。它的嘴上没有头盔，在上嘴基部有5～6条斜棱。这种鸟比前两种漂亮得多。头颈上下，有光辉漂亮的棕黄色的细的披覆，其他犀鸟没有。身上其他部位还有黑、白、深褐、蜡黄、墨绿等颜色，非常漂亮。

 会说话的鸟

鹦鹉以羽色艳丽而著称，白、黄、绿、红、黑，五彩缤纷。澳洲产的

七彩鹦鹉集彩虹七色，金刚鹦鹉的脸像油彩画过的一样。千姿百态的鹦鹉大小不一，大型的琉璃金刚鹦鹉，体长达 1 米以上，而体型小的非洲鹦鹉只有 13 厘米长，比麻雀还小。许多鹦鹉还具有漂亮的羽冠，有的伞状，有的扇状，当展开炫耀时显得生动有趣。

鹦鹉受人喜爱除了艳丽的羽衣和学舌外，还能表演一些小杂技，经过特别训练，甚至还能作出一些惊人之举。在 1985 年墨西哥发生大地震，从一幢塌楼里传来呼救声，抢险人员经过 2 小时战斗，救出的竟是一只鹦鹉，它说的第一句话是"糟透了"，弄得抢险人员啼笑皆非。

在美国洛杉矶的警察部队中，有一位奇特的警官叫皮尔特鹦鹉，是只 3 岁的美洲鹦鹉，体长 45 厘米，具有当地警察首脑签署的军官证书。它的职责是指示和提醒孩子们在穿越公路和街道时谨慎小心，在家中安分守己。这个奇特的鹦鹉已给 4～12 岁的 3500 名儿童上过这类安全课。参加听课的孩子都非常专心地听它讲解。

在西欧常见到驯化鹦鹉当盲人的向导。前几年一位美国大学教授

鹦　鹉

还宣称，他的一头"亚历克斯"鹦鹉能辨认和说出 50 件物品的名称，这说明鹦鹉有一定的"学习和记忆"能力。

鹦鹉的智能究竟有多高，还有待于进一步研究。但现在鹦鹉的数量迅速锐减已令人担忧。非洲产的灰鹦鹉，因善于学舌被大量捕捉。新西兰的一种枭鹦鹉，是一种吃草鹦鹉，它食草咽汁后，又一团一团吐出，在它过路处留下一团团白色小球，暴露了自己，使人很容易捕捉到它。人们对鹦鹉大量的捕杀，以及生态环境的恶化，有可能使人还未弄清鹦鹉的各种性能之前，它们就从地球上消失了。

在我国南部的森林中，产有 7 种鹦鹉。红领绿鹦鹉产在广东、福建。绯

胸鹦鹉产在云南、广西、广东。大绯胸鹦鹉产在西藏、四川、云南。灰头鹦鹉产在四川，云南。长尾鹦鹉产在四川。短尾鹦鹉产在云南。这7种鹦鹉都是国家二级保护动物。

❤ 不能落在树枝上的燕子

在房梁上或楼房的阳台顶上用泥搭窝的是属于雀类的燕子，最常见的有家燕和金腰燕；而住在古建筑、高层建筑屋顶缝隙和崖洞中的是属于雨燕类。通过观察发现家燕的脚是3趾向前1趾向后，是鸟类的常态足，这样的足可抓住树枝或电线，就像粘在上面一样，非常稳固，这样的足也能在地面上行走；而雨燕的脚趾是4趾并排向前伸，为前趾型，所以停息时不能站在小树枝或电线上，也不善于在地面上行走，这样的足善于在墙壁或岩石的垂直面上，4个脚趾像钩子那样，把自己挂在上面。家燕体型较小，尾较长，像一把细而长的叉子；雨燕一般体型较大，翅呈长镰刀状，尾较短，呈浅叉状。

雨燕中最常见的是楼燕，也叫北京雨燕。每年春季迁来北方，常常成群结队地在空中、城楼附近互相追逐。飞行时，能够绕圈疾驰，其速似箭，是鸟类中飞行最快的一种。当暴风雨到来之前，它们掠地面低飞，可视为天气变化的一个标志。鸣声尖锐响亮而单调。楼燕全部以昆虫作为食物，据统计，一对10天左右的幼鸟每天由亲鸟喂给的昆虫有248只，卵出20天的幼鸟所吃的虫数可达3675只，快出巢时为6927只。一只衔虫育雏的成鸟，在嘴里就发现了281只昆虫，其中有蚊3只、小型蝇类46只、蚜虫22只、虹类4只、蜘蛛1只、椿象34只、浮尘子171只。所食昆虫除极少数益虫外，均为害虫，足见楼燕在消灭有害昆虫方面，对人类的益处是很大的。有数字为证，一只雨燕一个夏季就可消灭害虫25万只。

❤ 鸟中的侏儒

世界上最小的鸟要算蜂鸟了，它们生活在中美和南美洲，有600多种。

最大的不过 20 多毫米长。最小的叫闪绿蜂鸟，生活在墨西哥和阿根廷，它比黄蜂还要小，只比蜜蜂稍微大一点儿。这种蜂鸟体重只育 2 克，体全长不过 5.79 毫米，其中细长的嘴和尾却占了 4 毫米，去掉嘴和尾身长只有 1.79 毫米。

蜂鸟在树枝或在树叶上面筑巢，窝巢当然也很小巧，像胡桃那么大。鸟蛋就更小了，只有豌豆那么大，0.2 克重。

别看蜂鸟这么纤小，脑子可发达哩。它的重量等于鸟重量的 1/30，比人体重和脑重量的比重（约 50∶1）还大呢。

蜂鸟的活力很强，每秒钟要扑动翅膀约 60 次，有时整个翅膀还会翻转呢。有时，它一动不动地停留在空中，来个"特技表演"，仿佛站立在一个无形的支柱上。

更令人惊奇的是，有些蜂鸟每年要飞渡 800 多千米宽的墨西哥湾。

蜂鸟凭着悬空定身的绝技，用那细长的尖嘴，将舌头伸进倒挂的金钟花深处，来吸取花蜜。这是它最爱吃的，也是主要

蜂　鸟

的食料。舌头的构造像喝汽水的吸管，仿佛一个小"水泵"。它在飞行的时候会发出蜜蜂般的声音，加上它体形像蜂，喜吃甜食，因此叫它蜂鸟。

蜂鸟个儿虽小，却勇猛善斗。比自己大几十倍、几百倍的猛禽蜂鸟都毫不畏惧，小小的蜂鸟可以斗败凶猛的山鹰。它用那钢针般的尖嘴，瞄准山鹰的眼睛猛啄，顿时山鹰被啄瞎眼睛，仓皇败北。

蜂鸟中最著名的一种叫飞行金刚石，它飞得快，一霎而过，仿佛是一颗活的金刚石在闪动。它的羽毛美丽、豪华、纤细、光滑，在太阳光下反射出不同的色彩，特别在飞行中转动的时候，由于光反射角度不同，更显得五彩缤纷、艳丽夺目了。

对蜜蜂"情有独钟"的蜂鹰

　　猛禽中的一些中型，特别是小型的种类，嗜吃昆虫。而以蜜蜂为食的鹰类只有一种，它就是蜂鹰，由于它也爱吃蜜，也叫蜜鹰。蜂鹰中等大小，体长600毫米以上，头上具一般猛禽少有的羽冠。

　　蜂鹰飞得非常缓慢。但却异常灵活，这在一定程度上抵消了它在速度方面的缺陷。蜂鹰有着一对美丽的金色眼睛，黑色的嘴基处渲染着蓝色，整个形象十分协调，给人以一种美感。飞行时，它时常一边飞行，一边鸣叫，发出短促的类似哨子般的声音。

蜂　鹰

　　蜂鹰捕食包括蜜蜂在内的各种蜂类。别瞧蜂有螫人毒的刺，但对蜂鹰来说，蜂却是无比香甜的美味。它不仅吃蜂的成虫，还吃幼虫、蜂蜜、蜂蜡，似乎凡属蜂的东西，没有一样是它不吃的。蜂鹰多在林中的树上或者地上觅食，常用爪在地面上刨掘蜂窝，就像鸡的举止啄食其中的幼虫及卵。

　　除了蜂类外，蜂鹰还吃其他昆虫，有时也吃些小型兽类、蛙、蛇，甚至还有绿色植物，看来其食性相当广泛。

　　有人以蜂鹰捕食蜜蜂，而将它列为害鸟，那未免太简单了。鸟类学家通过对它详细的食性分析和野外观察，发现它捕食的主要对象并不是家养的蜜蜂，而是野蜂，同时还吃一些林业害虫、害兽；只有生活在养蜂场附近的某些个体，才会给人造成轻微的经济损失。所以，应该说蜂鹰和其他大部分猛禽一样，也是对人有益的鸟类。

动物知识全知道

DONGWU ZHISHI QUAN ZHIDAO

天鼠大王——鸮

鸮与一般鸟类不同，它的羽毛柔软而轻，飞起来没有一点声音，头宽大，圆脸盘，1 对大眼睛在脸盘上双双向前。有的种类在头顶的两侧有突起的羽毛，像耳朵似的，称耳突，面形似猫，故得名猫头鹰。

猫头鹰的整个身体结构非常适于夜间捕捉老鼠，它具有短而锐利的钩嘴和强健的钩爪，是捕鼠的锐利武器。它的眼睛与一般鸟类不同，只有能使瞳孔略微放大的放射状肌而没有缩小瞳孔的环状肌，所以它的眼睛始终张得大大的。高等动物眼球内部的视网膜上有 2 种感光细胞，一种叫视锥细胞；一种叫视杆细胞。视锥细胞感觉色彩，需要较强的光照；视杆细胞则相反，能感觉光强度变化，只要微弱的光线就能工作。猫头鹰视网膜上的视杆细胞特别多，所以夜间微弱的光线中能看到老鼠的活动。

猫头鹰

在完全漆黑的环境中，猫头鹰则能根据声音的方向捕食。因为它还有一对灵敏的耳朵。耳部的羽毛可张开露出非常大的耳孔，能很好地收集四周发出的声波，对 8500 赫兹以上高频声波，能准确无误地判断数十米远。由于猫头鹰的体型结构适于夜间活动，所以它是昼伏夜出的猛禽，白天多伏于树林中，藏匿在多叶的树枝上，晚上出来活动捕食。而且喜欢在晚上鸣叫，繁殖季节几乎整夜不停。所以自古以来，民间传说听到猫头鹰的鸣叫，认为是"死人之兆"。因此，对这类鸟不仅厌恶而且带有恐惧感。

实际上，猫头鹰是出色的捕鼠能手，每到夜晚，它就从树林里飞到田园、山丘、村庄站岗放哨，两只大眼睛全神注视着贼鼠的行动，只要老鼠一出动，猫头鹰无声快速地俯冲而下，用锐利的钩嘴钳住贼鼠的后脑，或用利爪抓住猎物。在繁殖季节，猫头鹰的捕鼠活动更为惊人，在雏鸟还未出壳之前就要捕回野鼠，塞在窝内，以备食料不足时取用。即使饱食之后，看到老鼠，仍猛力追捕，宁可杀死后抛弃，而不让老鼠逃跑。据调查，在上海金山地区越冬的猫头鹰，每只5个月时间可捕食田鼠375只，约占它食物的90%，以1只猫头鹰每年消灭600只老鼠计算，那么它就为人们从鼠口夺回约1吨粮食。因此，可以肯定地说，猫头鹰不是"报丧鸟"，是益鸟，是灭鼠大王。

❤ 捕鱼能手——鹗

鹗是猛禽中最著名的"渔夫"，它最大的特点是外侧脚趾能向后反转，使四趾变成二比二，加上脚下的粗糙突起，能帮助它牢牢抓住黏滑的鱼体。

鹗捕鱼时先飞到离水面30～90米的上空，迅速振动两翼，迎风悬停，以观察水面的动静，假如发现一条可以捕捉的鱼，立即俯冲而下，接近水面时，伸出长脚爪猛抓，溅起高高的水花。如果鹗落到水里，就是抓到鱼了，不久就可以看见它提着自己的收获品，腾空飞去，在空中猛地抖去身上的水珠，像精神抖擞的渔夫一样。

有时鹗从远处飞来，突然就向水面冲去，一伸双脚，即刻飞走，而一条鱼就在它的脚下了。当然也有时，警惕的鱼儿，见天空有黑影扑来，慌忙下潜，鹗也不肯示弱，

鹗

追踪而至，可以深潜到1米以下的水中，只留下一点翅尖在水面，将逃窜的鱼儿从水里抓出，那种场面，真是令人惊奇不已。

学舌的八哥

动物界许多鸟能模仿同类的声音和其他动物的叫声。而学人说话，仅限于鹦鹉、百灵、八哥和鹩哥等鸟。它们所以会学舌，主要是由于它们具有尖细、柔软而且多肉的舌。不过，只有在饲养情况下，经人教和训练才能学会人语。

八哥全身羽毛黑色，仅两翅和尾端点缀白色斑，展翅飞行时，从下面看去，两翅的白色斑好像八字，故得名八哥。八哥鸣声嘹亮，略具音韵，有时会变得粗厉。在野外喜欢结群觅食，爱吃昆虫和野果，是农业益鸟，也是分布华南和西南一带最常见的留鸟，遍布平原、村庄、田园、山丘和山林边缘。八哥食性杂，不畏人，容易饲养，又善于学舌，爱鸣唱，是江南一带人民喜欢饲养的笼鸟。

八 哥

鹩哥其体形和体色都与八哥相似，但个子稍比八哥大。黑色的羽衣闪耀着紫蓝色或深蓝色光，头后两侧到眼的后方具一鲜黄色肉垂，肉垂在眼角后方呈三角形，红黄色的嘴和鲜黄色的肉垂在黑色羽衣相衬下，更令人赏心悦目。野外它生活在多林木的平原和山地的林缘处。爱吃野果、种子和昆虫。鹩哥是出色的歌唱家，鸣声嘹亮而且富有音韵，能发出各种有旋律的音调，由低而粗的咯咯声，至轻快如铃的吹哨声。它还能模仿杜鹃和鹪鹩的叫声。

鹩哥"说话"要比八哥清晰、逼真。有时你问它好，它立即回答"你好"，还会问你"你说什么？""吃饭没有？""几点钟了？"你和它告别，它也会向你说声"再见"，显得"礼貌"周全。

自古以来，我国南方人就喜欢饲养八哥和鹩哥。不仅发现八哥善模仿声音，而且摸索出使八哥"说话"的方法——"修舌"。

金衣公主黄鹂

从南到北的祖国大地上，在村庄附近、山地森林里，夏天常见到一种鸽子大小的鸟，全身几乎都是金黄色，只有自鼻孔起横过眼睛直达头后枕部有一黑环，所以叫"黑枕黄鹂"。翅和尾羽毛黑色，但都有黄色边缘。亮黄色的身躯穿梭于绿林之中，极为美丽。唐诗中的"两个黄鹂鸣翠柳，一行白鹭上青天"给人们引入诗情画意之中。黄鹂的鸣叫声清脆嘹亮，犹如流水般的婉转动听。在繁殖期以那单簧管似的柔和富有音韵的歌声吸引雌鸟，偶尔也像嘶哑的猫叫声。

黄 鹂

黄鹂不仅长得漂亮、唱得好听，而且能消灭大量农林害虫，如在育雏期间95%以上的食物是松毛虫、枯叶蛾、蝗虫、椿象、金龟子、地老虎等害虫，对农林业带来很大益处。

娇小可爱的相思鸟

我国虽然产鸟种数居世界首位，鸣禽种数也很多，但是鸣禽中特别美丽，能比得上几种著名的雉鸡类者，却不多。相思鸟可称是其中的佼佼者。

在分类学中，相思鸟有2种。一种是只产于云南西双版纳和广西最南部的银耳相思鸟，另一种则是广泛产于华东、中南和西南各省的红嘴相思鸟。

一般所说的相思鸟，实际上指的就是红嘴相思鸟。

相思鸟

这种娇小玲珑、活泼轻盈的鸟儿，身体大小和麻雀差不多，上体大致为橄榄绿色，脸淡黄色，喉部金黄色，胸部赤橙色，腹部白色，翅膀上有红色和黄色的翼斑，尾黑色，头上有白色的眼圈，中央一对明亮的眼睛，特别是有一张鲜红的小嘴，模样很是喜人。它还能唱动听的小曲，清脆嘹亮。在春天的早晨，明媚的阳光下，听它欢唱一曲，确能使人心旷神怡。

百鸟之王——大兀鹰

栖居在南美洲安第斯山上的大兀鹰，当地人称它为孔多尔。其头部鲜红，脖子上围着一圈白色绒毛，十分美丽。在它的身上有几个世界之最的特征。首先，它是禽鸟中寿命最长的，可活50年左右。其次，它是世界上最大的猛禽，一般身长1.2米，体重10千克左右，翼展近4米，张开翅膀占地7平方米。再次，它是飞行空域最高，一般在五六千米以上；其凶猛也是独一无二的，它常以山羊、野鹿为食，有时还敢袭击正在撕食的美洲豹和美洲狮。最后，它的飞行速度也非常惊人，可以监视周围15千米空域中的动向，一旦发现猎物能立即飞捕。由于它有这些特异功能，被称为"百鸟之

大兀鹰

王"。智利人把它誉为国鸟，并作为国徽、军徽的主要标志。

大兀鹰自己不会捕杀猎物，专吃动物尸体，故被称为自然界的清洁工。它生活在 2000～4000 米的悬崖峭壁上，2 年才生 1 个卵，营巢处是其他地面动物很难到达的地方，故成活率很高。因之这种禽类中的庞然大物一直生活得很好，而没有受到灭绝的危险。

飞越世界高峰的鹤群

人类要攀登上海拔 8000 米以上的世界高峰，不是一件容易的事，可谁会相信仙鹤却有超人的本领，能大批成群飞越过世界高峰。

1976 年 9 月，日本、伊朗联合登山队在尼泊尔，准备攀登海拔 8156 米高的马纳斯高峰，由于天气非常恶劣，一直等到 10 月间。突然从山下飞来一群有 200 多只鹤组成的鹤群向上飞行，它们毫不费力气地飞越过了马纳斯高峰。鹤群的出现，预示着好天气的到来，为登山队作了天气预报。

这批鹤是从西伯利亚飞来的黑色翼尖鹤，它们穿过西藏要飞到恒河流域过冬。但令人不解的是，它们为什么要选择世界高峰地带飞越？怎么预知天气已好转？是什么东西支持了它们的体力？沿途的食物和氧气又靠什么得到？更不解的是，它们飞行的路线和登山队选择的最佳路线几乎完全一致，而且开始贴着冰河的雪面向上飞，一点一点地升高，这是为了利用冰河的上升气流，以节省体力，和人登山采取的方法也差不多。这些奥秘如果能揭开，对人类将会带来好处。

愚蠢的鸵鸟

鸵鸟是世界上最大的鸟类。生长在非洲和阿拉伯半岛上的沙漠地区。它躯高 2 米多，体重达 90 千克左右，腿长而极善奔跑，速度可达 60 千米/时，能追上良种快马，还可越过 5 米高的栅栏，坚硬的脚趾可刺穿薄铁板。它的脚是自卫的有力武器，不但能击倒一些大型动物，而且还能踢死人。

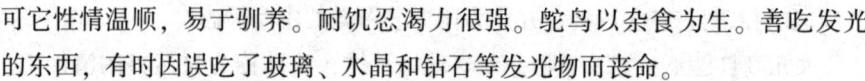

可它性情温顺，易于驯养。耐饥忍渴力很强。鸵鸟以杂食为生。善吃发光的东西，有时因误吃了玻璃、水晶和钻石等发光物而丧命。

现在，我们看到的鸵鸟是不会飞翔的，但其实鸵鸟的祖先也是一种会飞的鸟类，那么它是怎么变成今天的模样的呢？这与它的生活环境有着非常密切的关系。鸵鸟是一种原始的残存鸟类，它代表着在开阔草原和荒漠环境中动物逐渐向高大和善跑方向发展的一种进化方向。与此同时，飞行能力逐渐减弱直至丧失。

当鸵鸟被猛兽或猎人追击而脱离不了险境时，便将脑袋往沙堆里一钻，自以为敌人看不见了，结果往往被轻易捕获或丧生。因此人们嘲笑它是很愚蠢的。其实鸵鸟这种行为是自卫的高招。因其毛色与沙漠颜色都呈灰色，当它蹲下后，距离稍远就会辨不清，所以它经常能以此来躲避敌人的追袭。

珍贵的丹顶鹤

丹顶鹤是世界上有名的珍奇观赏鸟，主要繁殖在我国黑龙江省嫩江中下游地区，它是候鸟的一种，秋后结队南迁，春天来到东北产卵繁殖。

丹顶鹤一般体长在 2 米以上，颈长腿长，全身披着细密的乳白色羽毛，翅端有黑色羽毛，头顶裸露无毛，有鲜红色的大肉冠，格外鲜艳夺目，故名"丹顶鹤"。由于它体形优美，行止潇洒大方，羽毛洁美，鸣声高亢响亮，古代被认为是神仙逸士的伴侣，因之又得名"仙鹤"，常以"松鹤延年"为长寿的象征。

丹顶鹤

丹顶鹤每年要在繁殖地和

越冬地之间进行迁徙，只有在日本北海道是当地的留鸟，不进行迁徙，这可能与冬季当地人有组织的投喂食物，食物来源充足有关。丹顶鹤的栖息地是沼泽和沼泽化的草甸，食物主要是浅水的鱼虾、软体动物和某些植物根茎，以季节不同而有所变化。丹顶鹤成鸟每年换羽 2 次，春季换成夏羽，秋季换成冬羽，属于完全换羽，会暂时失去飞行能力。

丹顶鹤一雄一雌终生交配同居，如一方死亡，另一方则终生不配，每年产卵 1～2 枚，孵化期间，雄鹤担任警戒，小鹤多半由母鹤喂食成长。它与大熊猫同为我国出口的珍禽异兽，在国际交往上颇负盛名。

失踪复见的珍禽——朱鹮

朱鹮是一种美丽的鸟，也是亚洲地区特有的珍禽，19 世纪前广泛分布在我国东北部黑龙江下游及朝鲜、日本等地，后来由于人类砍伐林木及环境污染，使朱鹮生存受到威胁，幸存下来的只好飞到深山过着艰苦生活，在我国它已经失踪了几十年。

1978 年我国动物学家开始寻找朱鹮，3 年内走了 11 个省，行程 5 万多千米，于 1981 年终于在陕西洋县秦岭南麓海拔 1500 米的高山上找到了 6 只，现有 2 只饲养在北京动物园。到目前为止，我国一共发现了 12 只，日本饲养有 4 只，全世界不足 20 只。

朱鹮在野生环境中非常喜欢湿地、沼泽和水田。它们在水田中觅食，喜欢栖息于海拔 1200～1400 米的疏林地带的高大的树上，以小鱼、蟹、蛙、螺等水生动物为食，兼食昆虫。每年 3～5 月是朱鹮的繁殖季节，它们选择高大的栗树、白杨树或松树，在粗大的树枝间，用树枝、草棍搭成一个简陋的

朱 鹮

巢。朱鹮的巢平平的，中间稍下凹，像一个平盘子。雌鸟一般产2~4枚淡绿色的卵。经30天左右的孵化，小朱鹮破壳而出。60天后，雏鸟的羽翼丰满起来，但还远没发育成熟，它们的羽毛比成熟朱鹮的颜色稍深，呈灰色。直到3年之后，小朱鹮才完全发育成熟，并开始生儿育女。

1981年在我国重新发现朱鹮以来，引起了国家的高度重视，1983年在陕西洋县建立了洋县朱鹮保护观察站（1986年改名为陕西朱鹮保护观察站），对自然界朱鹮种群进行保护。朱鹮，被誉为"东方瑰宝"、"东方宝石"。1960年第十二届世界鸟类保护会议上将朱鹤列入"国际保护鸟"。如今，朱鹮保护区已由发现时的6只增加到几百只。

❤ 善歌喜舞的红岩伞鸟

在南美热带丛林的地面上，到处都被杂草、丛棘所覆盖，很难找到一块完全裸露的土地。但人们就在这样的环境里，却可以见到一块块光洁无草的平地，这是怎么形成的呢？经过人们长期的观察了解，才弄清了这个谜。

原来在丛林中生活着一种艳丽无比的红岩伞鸟，其头部生长着火红色的长羽毛，背部为白色，其余部分为黑色，三色相映，非常漂亮。这种鸟能歌善舞，经常相约一群同伴举行舞会。开始由一只雄鸟从树上飞到草地先进行舞蹈表演，然后群鸟再围成一团，边鸣边舞，当舞蹈进入高潮时，远看好似一簇红色波浪在起伏，简直迷人极了。

由于这种群鸟的舞蹈，才出现了密密的草丛中被践踏出一块块光洁的平地来，所以人们把这些光洁的平地称为红岩伞鸟的舞台。

❤ 现在仅存的无翼鸟

所谓无翼鸟，顾名思义就是没有翅翼的鸟。但其原来并不是没有翅翼，而是在进化过程中两翼退化，不能飞翔的鸟。

无翼鸟是由原始鸟类的遗留下来的，非常珍贵，有许多种类，现仅留有一种叫"几维"的无翼鸟，产于新西兰岛上。它身长仅45厘米，无翅无尾，浑身披着细软绒毛，视力很差，嗅觉和听觉都相当灵敏。嘴长而弯曲，像个木棍，长达15厘米，鼻孔开口于喙的尖端，

无翼鸟

只会走不会飞，体重仅千克左右，宛如一个多毛的大皮球；每年产蛋一两枚，蛋大而重，几乎达0.5千克，是新西兰的国鸟。

几维鸟毫无御敌和逃跑的本领，只好整天躲在洞穴里，但它却不大怕人，常常闯进村舍，并与牧人樵夫为友。它夜间外出觅食或遇到敌害时，主要靠其灵敏的嗅觉和听觉，它把喙插入泥土，靠喙尖的嗅孔进行探测找寻食物，而且是百发百中。它的喙根附近生长有一撮刚毛，也起着定向和觅食的独特本领，配合其灵敏的听觉，便能远远觉察敌害而很快逃走。

由于它是世界上即将绝迹的最原始最珍贵的鸟类之一，故受到国家的保护。

海上"预报员"海鸥

海鸥是一种中等体型的鸥。腿及无斑环的细嘴绿黄色，白尾，初级飞羽羽尖白色，具大块的白色翼镜。冬季头及颈散见褐色细纹，有时嘴尖有黑色。海鸥身姿健美，惹人喜爱，其身体下部的羽毛就像雪一样晶莹洁白。海鸥是候鸟，分布于欧洲、亚洲至阿拉斯加及北美洲西部。迁徙时见于中国东北各省，越冬在整个沿海地区包括海南岛及台湾；也见于华东及华南地区的大部分内陆湖泊及河流。

海鸥还是海上航行安全的"预报员"。乘舰船在海上航行，常因不熟悉

水域环境而触礁、搁浅，或因天气突然变化而发生海难事故。富有经验的海员都知道：海鸥常着落在浅滩、岩石或暗礁周围，群飞鸣噪，这对航海者无疑是发出提防撞礁的信号；同时它还有沿港口出入飞行的习性，每当航行迷途或大雾弥漫时，观察海鸥飞行方向，亦可作为寻找港口的依据。

海 鸥

　　除此之外，当海鸥贴近海面飞行，那么就预示着未来的天气将是晴好的；而当它们沿着海边徘徊，那么天气将会逐渐变坏。当海鸥离开水面，高高飞翔，成群结队地从大海远处飞向海边，或者成群的海鸥聚集在沙滩上或岩石缝里，则预示着暴风雨即将来临。海鸥之所以能预见暴风雨，是因为海鸥的骨骼是空心管状的，没有骨髓而充满空气。这不仅便于飞行，又很像气压表，能及时地预知天气变化。此外，海鸥翅膀上的一根根空心羽管，也像一个个小型气压表，能灵敏地感觉气压的变化。

　　近几年，由于我国注意环境保护和开展爱鸟周的宣传活动，来我国安家落户的海鸥数量逐年增多。海鸥在我国是寒来暑往的候鸟。但愿今后海鸥在我国沿海与江河湖泊常驻。

❤滑翔冠军信天翁

　　信天翁是大洋里最大的海鸟，身长1米有余，展开双翅长达3.7米，体重8~9千克，披着一身犹如浪花似的白色羽毛，只是在双翼尖及尾羽有些黑褐色。

　　信天翁以毫不费力的飞翔而著称于世——它们能够跟随船只滑翔数小时而几乎不拍一下翅膀。它们为减少滑翔时肌肉的耗能而体现出来的适应性，其一为信天翁有一片特殊的肌腱将伸展的翅膀固定位置；其二它是翅膀的长度惊人，较之其他科的鸟类，信天翁的前臂骨骼与指骨相比显得特别长，翼上附有 25～34 枚次级飞羽，相比之下，海燕仅有 10～12 枚。就这样，信天翁的翅膀如同是极为高效的机翼，使它能够迅速向前滑翔，而下沉的概率很低。这种对快速、长距离飞行的适应性令信天翁得以从它们在海岛上的繁殖基地起飞，翱翔于茫茫的汪洋大海上空。

信天翁不喜欢风平浪静的日子，这时海上没有上升气流供它们滑翔，不能乘风翱翔，不得不扇动那细长的翅膀。没有风的时候，它在陆地简直无法起飞。

墨鱼、鱼类、虾蟹是信天翁最主要的食料，对海轮抛弃的残羹剩饭（如死鱼、动物的内脏等）也极为嗜好。所以，它们老跟着船只团团转，时面冲上云天，捕捉空中目标，时而紧紧贴着滔天的巨浪，俯冲猎取食物。

信天翁

从 19 世纪 80 年代开始，殖民主义者贪婪的掠夺，使信天翁遭到灭顶之灾。在欧美各国，信天翁的羽毛，不仅是上好的被褥材料，而且经过染色加工，成了时髦的装饰品。据鸟类学家估计，短短 50 中间，被害的信天翁至少在 1000 万以上，在许许多多海域已经灭绝。1960 年，在日本东京召开的国际鸟类保护会议上，信天翁被列为国际保护鸟类。

两栖类与爬行类动物全知道

❤ 两栖类和爬行类的旅行

爬行动物会因为越冬而进行迁徙。例如，某些蜂蛇为了找到适合群集的干树根或者什么露天采石场，它们常常要爬行 1 千米以外。鳄鱼也能从一个水塘向另一个水塘迁移。有一个故事大家可能知道，印度的一个人烟稠密的沼泽地由于积水变浅，一夜之间就被危险的居住者遗弃了。这些鳄鱼急不择径，穿过丛林和田野爬入村庄。在这里沿街分散，有的钻进庭院，有的陷落水井，给居民带来了严重灾难。早晨，人们每走一步都会撞上这些可怕的"不速之客"。第二天夜里，它们才离开村庄，继续赶路。

习惯在选定的小岛岸边的沙地上产卵的巨型海龟（高寿达数千岁），更善于进行遥远的迁徙。例如，巴西绿龟要遨游大约 2500 千米的路程才能到达产卵地——亚松森岛。向繁殖地源源漫游的还有其他种类的海龟——分布在从加拿大到加勒比海的大西洋海域中的利特莱海龟。长期以来，这种海龟的迁徙对于科学家来说一直是个谜。直到 1947 年才发现，每年 4～5 月份和 6 月初都有 4 万来只这种海龟从广阔大海的各个方向游到自己最喜欢的海滨浴场产卵。

❤ 古代陆上最大的爬行动物

龙，是我国传说中一种神秘动物，描绘的形象非常古怪，一听便令人生畏。世界上究竟有没有"龙"，虽然至今还是个谜，但可以肯定，地球上曾经确实有过"龙"。

龙，曾经在地球上约1.4亿年前的侏罗纪晚期出现过，大约生活了1亿多年才绝迹的。其种类很多，并遍及世界各个地区，有栖息的，也有水生的，有食草的，也有食肉的，它们身体和体重虽然差别很大，但其体型和外貌却大同小异，一般颈项和尾巴都很长，有4条柱子似的短腿支撑着巨大而沉重的身躯，头颅很小，行动迟缓，与神话中描写的形象完全不一样。人们在地层中发现的"恐龙"化石，就是地球上真正的"龙"。

恐龙中最大的一种，是陆地上蜥脚类中的梁龙、雷龙以及马门溪龙，它们的身长可达27米以上，身高4米以上，体重约为50吨，其脖子伸向空中，足有3层楼那么高，它们是从古到今地球上最大的陆栖动物。

珍贵的娃娃鱼

娃娃鱼也叫大鲵，因"唔哇、唔哇"的叫声酷似婴儿啼哭而得名，是中国独有的珍稀两栖有尾动物，主要栖息在洞穴、暗河中。娃娃鱼是是目前世界上现存的最大的两栖动物之一，最大体长能达到1.8米。主要生长在我国湖南、湖北、四川等省山区海拔300～600米的溪流中。

娃娃鱼外形有点类似蜥蜴，只是相比之下更肥壮扁平。最近科学家研究发现，娃娃鱼小时候用的是鳃呼吸，长大后用肺呼吸。娃娃鱼头部扁平、钝圆，口大，眼不发达，无眼睑。身体前部扁平，至尾部逐渐转为侧扁。体两侧有明显的肤褶，四肢短扁，指、趾前4后5，具微蹼。尾圆形，尾上下有鳍状物。大鲵的体色可随不同的环境而变化，但一般多呈灰褐色。体表光滑无鳞，但有各种斑纹，布满黏液。身体腹面颜色浅淡。

娃娃鱼生性凶猛，肉食性，以水生昆虫、鱼、蟹、虾、蛙、蛇、鳖、鼠、鸟等为食。它一般都匿居在山溪的石隙间，洞穴位于水面以下。夜间静守在滩口石堆中，一旦发现猎物经过时，便进行突然袭击，因它口中的牙齿又尖又密，猎物进入口内后很难逃掉。它的牙齿不能咀嚼，只是张口将食物囫囵吞下，然后在胃中慢慢消化。娃娃鱼有很强的耐饥本领，饲养在清凉的水中 2~3 年不进食也不会饿死。它同时也能暴食，饱餐一顿可增加体重的 1/5。

由于娃娃鱼肉嫩味鲜，所以长期遭到人们大量捕杀。各产地数量锐减，有的产地已濒临灭绝。目前面临的现实是，大鲵这一珍贵野生资源，主要因为人的因素，尤其是生存环境丧失、栖息地破坏以及过度利用对大鲵生存造成了严重威胁，导致种群急剧下降，分布区成倍缩小，处于濒危状态。

娃娃鱼

目前，全国野生娃娃鱼总量约为 5 万尾，人工养殖数在 10 万尾左右，我国已规定必须加以保护。目前国内有国家级繁殖保护中心 1 个，省级繁殖保护中心 21 个。这些中心承担着保护当地野生娃娃鱼和人工繁殖后进行放生的任务。

恐龙的后代——扬子鳄

扬子鳄是鳄鱼的一种，学名鼍，俗名土龙或猪婆。据科学研究，扬子鳄在地球上已生存至少有 1 亿年以上，它是古代恐龙的后代，经历了冰川、造山以及地壳和气候一系列自然大变化而留下来的幸存者，因而成为研究中生代动物的活标本，故被称为中生代动物的"活化石"。扬子鳄对于人们研究古代爬行动物的兴衰和研究古地质学和生物的进化，都有重要意义。所以，我国已经把扬子鳄列为国家一类保护动物，严禁捕杀。为了使这种珍贵动物的种族能够延续下去，我国还在安徽、浙江等地建立了扬子鳄的自然保护区和人工养殖场。

扬子鳄长约 2 米，体重有 20 千克以上，背面有角质鳞、六棱形，上下颚每侧有利齿 18 枚，以鱼蛙类为食，冬日蛰居穴中。鳄鱼都是以残暴著称，

如孟加拉鳄可以吃人；但扬子鳄并不凶残，也不伤人，性情比较温顺，但却因它危害鱼类和家畜，而被人们视为害物而滥加捕杀，故数量越来越少。

扬子鳄喜静，白天常隐居在洞穴中，夜间外出觅食。不过它也在白天出来活动，尤其是喜欢在洞穴附近的岸边、沙滩上晒太阳。它常紧闭双眼，爬伏不动，处于半睡眠状态，给人们以行动迟钝的假象，可是，当它一旦遇到敌害或发现食物时，就会立即将粗大的尾巴用力左右甩

扬子鳄

动，迅速沉入水底逃避敌害或追逐食物。它最爱吃的食物是田螺、河蚌、小鱼、小虾、水鸟、野兔、水蛇等动物。扬子鳄的食量很大，能把吸收的营养物质大量地贮存在体内，因而它就有很强的耐饥能力，可以度过漫长的冬眠期。

鳄鱼流泪的秘密

鳄鱼是一种残忍嗜杀的爬行动物，在同类之间有时也会"六亲不认"。当食物断绝时，甚至连人也敢袭击，当互相争夺食物时竟会血战一场。

但令人奇怪的是，当它们在吞食动物时总是"悲痛"地流着眼泪，所以人们常用"鳄鱼的眼泪假慈悲"来形容讥讽人的伪善。其实鳄鱼的泪水只不过是它排泄出来的体内多余的盐溶液。因为鳄鱼的肾脏排泄功能不大完善，体内多余的盐分要靠长在眼睛附近的特殊盐腺来排泄，使喝进去的海水变成淡水，所以当它一边吞食动物时，一边在向外排泄体内过多的盐分溶液，因此，流眼泪的只有咸水鳄，淡水鳄是无泪可流的。由于这样的巧合，便被误认为鳄鱼是在流痛苦的眼泪哩。

♥ 海中老寿星——海龟

海龟早在2亿多年前就出现在地球上了，是有名的"活化石"。据《世界吉尼斯纪录大全》记载，海龟的寿命最长可达152年，是动物中当之无愧的老寿星。正因为龟是海洋中的长寿动物，所以，沿海人将龟视为长寿的吉祥物，就像内地人把松鹤作为长寿的象征一样。

海洋中目前共有8种海龟，其中有4种产于我国，主要分布在山东、福建、台湾、海南、浙江和广东沿海，我国群体数量最多的是绿海龟。

海龟常循洄游路线的沿岸近海的上层活动，它们到20～30岁时才发育成熟，每当繁殖季节到来的时候，便成群结队地返回自己的"故乡"，不管路途多么遥远，它们也能找到自己的出生地，并把卵产在那里。如果出生地的环境被破坏，它就有可能终生不育。海龟产卵数最多的可达200个左右，最少的也在90个以上，卵的数量虽说比较多，但是孵化成活率很低。当小海龟出壳后，首先要自己从沙堆里钻出来，然后急急忙忙地奔向海洋。从沙坑到海边对小海龟来说充满了危险，有的幼龟跌入沙坑中，拼命挣扎也爬不出"陷阱"，同时一些天敌例如各种海鸟不断在空中盘旋，它们把这些幼小生命作为美味佳肴。最后能顺利到达海洋的只是一部分，这些幸存者将在海中生长发育，传承繁衍后代的新循环。海龟是怎样找到自己的"故乡"的，目前还是一个未解之谜。

海龟除出生和繁殖在陆地之外，其主要生活在海中，它们既能用肺呼吸，也能利用身体的一些特殊器官直接从海水中获得氧气。它的足呈桨状，适宜于划水，海龟在陆地上虽然比较笨拙，但是到了海里却浮沉自如，它

海　龟

完全适应了海洋环境。海龟的个体大、活动量大，其食量比陆龟大得多，它每天要吃很多的鱼、鱼卵、虾、甲壳类和软体类以及藻类，它们的牙齿坚硬有力，能够轻易地咬碎软体动物的外壳。从海龟的生活习性来看，其长寿的秘诀，不外乎是食量大、活动缓慢，有坚硬的外壳保护。

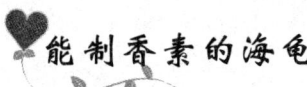

能制香素的海龟

防止食物腐烂的最好办法，是放在电冰箱里，但电冰箱价格很贵，然而在非洲有些农村里，农民家中却都有一个不花钱的"冰箱"。

在非洲尼日尔阿德拉东部的喀道牧村，生长着一种褐黄包的乌龟，它和普通乌龟一样。但奇异的是它头顶上有一个香腺，沿着颈部伸出一组细小的香腺管，一直通往甲壳下的许多香胞里，这些香胞每天能制造出 0.3 克的香素。这种香素味道极为浓郁，有强大的杀灭霉菌力，食物柜里有了这种香素，可使食物不变质。当地居民在食物柜里都放着这种乌龟。它的正式学名叫"散香龟"。人们美称它是"食物的防腐者"，或称之为"廉价冰箱"。

洪水的预报员——鳖

鳖，又名甲鱼，俗称王八。是一种水生甲壳动物，它的肉质鲜美、可食，鳖甲可供药用。

这种人们熟知的动物，却有一种奇异的本领，就是能预告洪水到来的时间和水位的高低。根据观察和其产卵习性，人们发现：所有的鳖都是在同一高度产卵，产卵一般是离水位较近的岸边，产卵后 18 天左右，肯定是洪水到来的日期。如果第 1 次洪水离其产卵处较远，那么可以预料还有第 2 次更大的洪水发生。

鳖能预告洪水到来的特性是它在长期的自然选择（即适应生存）中形成的一种本能。鳖产卵后孵化 20 天左右即成幼鳖，幼鳖出壳后即爬入水中，所以它产卵的位置和水位高低有很重要的关系，如离水过远，幼鳖爬不到水里就会中途干死；反之，如果卵还未孵成幼鳖前洪水就来了，鳖卵就会被洪水冲走。所以鳖卵的地点、时间都得与洪水到达的地点与时间相吻合，不然它就可能要绝种的。

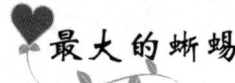 最大的蜥蜴

大洋洲是一个蜥蜴王国，大小种类约有 240 多种，其中最著名的有澳洲巨蜥、刺蜥和飞蜥。而巨蜥则是现存蜥蜴世界中的巨人，大约有 30 多种。

澳洲巨蜥，多栖居于热带森林中，过着树栖生活，当地人称为"古阿那"或"龙"，它有一个庞大而可怖的身躯，最大的可达 5 米以上。最近英国军事考察团在巴布亚新几内亚又发现了一种更大的巨蜥，身长约有 5.4 米，被认为是世界上最大的蜥蜴。

蜥　蜴

巨蜥生长着一条粗大坚硬而强有力的大尾巴，当它遇到敌害和人时，会用尾巴猛扫过来，极其凶猛。据传说它还能吃人，但还没有人目击过。

恐龙的子孙科莫多龙

科莫多龙，又称科莫多巨蜥或龙蜥蜴，生活在印度尼西亚的科莫多岛，是目前世界上巨型爬虫类动物之一。成年蜥蜴体长可达 4 米，重 150～200千克，最重的可达 400 千克。全身被有 1 层褐色厚皮，皮上有鳞片，头长，嘴扁阔，四肢粗壮，尾巴粗长有力，活动时常伸出分叉的绿色舌头，露出 2

排锯齿状利齿，外貌相当丑陋可怕。性情也残暴凶悍。

科莫多龙为卵生动物，卵孵近200天才会成雏，幼龙皮带绿色光泽，以后逐渐脱落长出厚皮。幼龙能爬树，以捕捉蜥蜴、青蛙、小鸟为食。

成年龙则以动物尸体为食，饥饿时也猎食野猪、野牛、山羊和鹿等，甚至敢袭击人类或自相残杀。

据生物学家研究认为，科莫多龙可能是4000多万年前在地球上失踪的恐龙子孙，也可能是曾生活在澳大利亚的食肉恐龙"澳洲龙"的后代，

科莫多龙

这种巨型动物是在1910年才被发现的，现存的大约有1000多只。

稀世罕见的白眼镜蛇

眼镜蛇分布在热带、亚热带的广大地区，我国湖南、安徽、江西、浙江、广西、广东、云南也有它们的家族。一般眼镜蛇的颜色几乎都是黑褐色的。1979年在台湾曾捕捉到一条白眼镜蛇，以后昆明动物研究所在江西东北丘陵地区也捕捉到一条雌性白眼镜蛇，引起了动物学家们的注意。

昆明的白眼镜蛇全长98厘米，年龄在4岁左右，头呈椭圆形，其形态特征和性情活动与黑眼镜蛇属同种白化，之所以与黑眼镜蛇不同，是由于它的遗传基因异常，体内无法产生铬角酸蛋白酶而不能形成黑色素。

会当"保姆"的蟒

蟒，在众人眼中是可怕的爬行动物，但在巴西，蟒却是对人有益的动物，特别是在农村，很多人家都把手臂粗的蟒当家畜饲养，并让它任意地

在屋内外走动。这种凶恶可怕的动物与人生活在一起，不仅没有任何危险，相反，它还能保护人的生命，在养蟒的人家，毒蛇是不敢进来的。

特别有趣的是，蟒对孩子非常关心，当孩子离家外出时，它就自动跟随在孩子身边，并机警地监护着孩子不受毒蛇的伤害，有时大人们外出时便把孩子交给它，而它能一直守候在孩子身边直到大人回来为止。因此，这种蟒真可称得上是孩子的"保姆"。

有趣的壁虎

壁虎，也叫守宫或称天龙，为世界上最小的爬行动物之一，最大的身长也不过10厘米左右。它生活在屋檐墙缝之间，常沿着墙壁和门窗活动，昼伏夜出，动作极其灵活。以捕捉蚊蝇等昆虫为食，是为人消灭害虫的好助手。它捕食能力很强，1小时之内能捕食37只蚊蝇等害虫。

有趣的是，它的那条尾巴遇到敌害或被人们捕打时，会突然脱断，脱断后由于一时神经尚未死去，肌肉仍在收缩扭动，当敌害和人们把注意力集中到断尾上时，它则乘机溜之大吉，这是壁虎割尾存身的一种绝妙方法。

最大与最小的蟾蜍

蟾蜍分布于世界各地，一般的体型都不太大，常见的大蟾蜍，身长也只十几厘米。可是生活在南美和中美地区的一种海蟾蜍，身长达25厘米，体重约1千克之多，堪称蟾蜍之王。当地人们称它为大蟾或巨蟾。这种大蟾蜍善捕捉害虫，它的背部满布瘰粒和毒腺，能够分泌一种有毒液体。凡吃它的动物一咬即会产生火辣辣的灼热感觉。人要中了这种毒，肚子会胀得像个大球，严重者会丧失生命。蟾蜍的叫声像母狗的嘶哑声，听了很不舒服，但由于它是甘蔗田的"忠实卫士"。现已遍及世界各地，受到人们的保护。

世界上最小的蟾蜍，是1906年在非洲莫三鼻给发现的一种蟾蜍，它从鼻尖到尾端，整个身长不足2.5厘米，它是蟾蜍中极为珍贵的一种。

用皮肤喝水的青蛙

青蛙和癞蛤蟆都是两栖动物，它在陆上可以生活，也能在水中游泳。由于它有这样的生活条件，不了解情况的人，一定以为它们喝水是非常方便的，其实不然。

它们虽然能在水里生活，但却不是用嘴去喝水，它们从嘴里喝进去的水，只占总吸水量的百分之几，大部分的水都是通过皮肤吸进去的。所以在无水的时候，它们总是到处找水。如果留心注意，就会发现它们在炎夏时节，总爱扬起头坐在水里不动，这正是它们用皮肤在吸水喝哩。

林中仙女——大树蛙

在墨西哥、巴拿马、危地马拉、尼加拉瓜等中美地区，生活着一种漂亮而奇特的树蛙，被人们誉为"林中仙女"。

这种蛙原来生于水中，长在岸边，栖于树上，体型较小，约 50～70 毫米，它长着鲜红的红眼睛、绿色的身躯、橙黄色的四肢，背上还有 1 条细长的白色脊柱线，整个体色十分和谐而鲜艳，而且它还能随着周围环境的变化而变换体色，有时装得像树叶，有时又变得像颗果实，故被称为"仙女"，别名又叫"变色树蛙"。

树　蛙

树蛙在旱季长眠，雨季活跃，白天睡在树枝上，晚上苏醒，发出一种短促的吹叫声，是大自然生物"合唱团"的活跃分子，而且边叫边跳跃于树上，玩耍嬉戏，或跳入水中轻游漫泳，动作轻柔而活泼，誉其为"林中仙女"，当之无愧。

会唱歌的雨蛙

在南美洲阿根廷的一些河流、湖泊和沼泽边，生活着一种每逢下雨时就集群大声鸣叫的雨蛙。

雨蛙身长仅 45 毫米，能够轻盈地在植物叶片上跳来跳去，而且落点很准，叶片上下摇动，它也不会掉下来。原来它的脚趾末端有黏性的趾垫，可以牢牢地粘住叶片。它还有防御敌人、进行猎食的巧妙的伪装本领，可以根据周围植物的颜色，变成灰色、橙黄色、绿色等，而且变得很狭，可与变色龙相媲美。雨蛙经常选择安全的地方栖息，多在地榆树多刺的叶腋下安身，这样如果敌害想捕捉它，首先会被树刺刺痛，而它却会乘机逃之夭夭。

善于伪装的蜘蛛蟹

蜘蛛蟹生活在加拿大、美国、墨西哥以及日本等国的近海中，有许多种类。它是一种巨型甲壳动物。其主要特征是附肢细长，螯肢灵活，体表有一层钩状茸毛，背甲只有 22 厘米长，但螯肢却长达 57 厘米。

蜘蛛蟹的体表本来很美丽，但它为了猎获食物和逃避敌害，常常把自己伪装起来。加利福尼亚的蜘蛛蟹，故意把海藻、海绵、水螅等生物粘在自己钩状茸毛上，直至覆盖了整个身体。日本的蜘蛛蟹，其甲壳上常背着红色或黄色的海绵生物。巴拿马的蜘蛛蟹，常常把自己

蜘蛛蟹

的身体弄脏，甲壳上还背着海洋附着生物，使自己本来很鲜艳美丽的外表变得脏丑不堪。

长须将军——对虾

　　对虾是海洋洄游生物，它们长得很有趣。软软的身体，全身被坚硬的甲壳牢牢地包着，头顶上有 1 对细长的触须，犹如一个威武的长须将军。当前面的小虫、小鱼或敌害触到长须时，它便马上知道。它还生有一双像豌豆一样的圆眼睛，转动起来，四面八方都能看到。它长着大大小小 13 对脚，在胸前的 3 对专管抓东西吃。中间有 5 对，其中 3 对长着 2 把钳子，用来捉小虫和防御敌害；另 2 对长着锐利的爪，靠它们抓住泥沙在海底爬行。最后的 5 对叫游泳足，像船桨一样，用来游动或跳跃前进。

　　对虾每年冬天在黄海南部过冬，春天游入渤海产卵孵小虾，秋末冬初又洄游到黄海去。1 只雌虾 1 年可产卵 100 多万粒，小虾长得很快，一边长一边蜕皮。一生要蜕皮数 10 次，4～5 个月即可成熟。

神奇的螃蟹家族

　　蟹具备了潜水艇、挖泥机、垃圾处理机的多种功能，是自然界一种奇妙的生物。蟹眼 180° 的视角，蟹能依照体内的 24 小时"时钟"，变换其掩护色；能重新长出失去的"潜望镜"，或折断其肢体逃生；能辨识很远的化合物；也能随意逆转使用自己的呼吸系统，因此，它不但能在水上或水下呼吸，还能在稀泥或沙土中呼吸。世界上约有 4500 种真正的蟹，它们都具有这些本领。

　　蟹是十足甲壳动物的俗称。十足目包括小虾、龙虾、寄居蟹和真正的蟹。真正的蟹大小差异很大，小的豆蟹，仅有 6 毫米长；而巨大的蜘蛛蟹，脚的跨距为 1.5 米。

　　蟹在遇到紧急情况时，会利用巧妙生理结构来逃生脱险。蟹的十肢都

有预先长好的断线，若有一肢给掠食的鱼咬到了，或受了伤，或夹在石头缝里，它便立刻收缩一种特别肌肉，断去这一肢，趁敌害在全神贯注地对付那仍会扭动的断肢时逃走。蟹在断去肢体时连血都不流，因为蟹肢内有一种特别的膜，将神经与血管完全阻断。加之又有特别的"门"，将断处关闭。同时，血细胞立即供应脂蛋白质，开始长出新肢。

为了自身的繁衍，雌蟹一次产下 18.5 万粒左右的卵，有的雌蟹最多时产卵达到 100 万粒以上。蟹卵孵化很快，几个小时后，就变成短头盔形的水蚤幼体，长着 2 个突出大眼。3 个月后，变成巨眼幼体，蟹形大致出现。再过几个星期，巨眼幼体顺水游到一片浅水泥浆里，变成幼蟹。此后，它就在海床上度过一生。长成的蟹是甲壳纲、十足目的硬壳生物。它有 2 个鳃室，各有 6 条通道，即 10 条腿上端的细长裂缝和口相通的 2 条沟。水是通过头上毛茸茸的"桨"拨进鳃室的。它还有扫除器，叫作副肢，不断地清除鳃内杂物。

100 多年来，许多生物学家都在研究、观察蟹，但是，仍然有许多问题找不到令人满意的答案。例如，很多蟹体内都有一种生物"时钟"，它能使蟹壳颜色出现有规律的变化。人们发现，岸蟹身上有红、白、黑 3 种色素，白天壳上散布着红、黑两种色素；晚间这些色素减退，色变淡。这种生物现象是无法解释的。蟹的识别方向能力很特别，有些蟹在水底利用天体及分析偏振光等方法决定方向，这也是让人难以解释的。又如，蟹有一对特别的复眼，视角达到 180°；复眼的眼珠下面连接一个眼柄，藏在甲壳上的坚硬眼窝中，可以个别向外伸出。假使弄坏了一只眼睛，它会很快长出一只新的。人们无法解释的是，蟹的眼珠和眼柄是全部损坏或割断后，就不再长出亲眼，还是只能在眼窝中多长一只触角。生物学家还发现，蟹的动脉血压只有人类血压的 1/20，因而动脉血管大，不会出现高血压病，也不会死于心脏病。可是，为什么有的蟹的鳃底下，另外还长一个辅助心脏，难道仅仅是为了帮助血液循环？

磷虾深海孵化之谜

南极磷虾是生活在南大洋中的一种甲壳类浮游动物。其实这种虾类，不仅南极海域有，北冰洋海域也有。它们个体不大，体长一般在 3~5 厘米，但是，它的蕴藏量却十分惊人。有人估计，南大洋中的磷虾约有 4 亿~6 亿吨；也有的说，起码有 45 亿吨。不管是哪种说法，作为一种生物资源，它的蕴藏量是相当大的。正因为如此，磷虾在南大洋食物链中起着十分重要的作用。这种富含维生素的磷虾，是须鲸的主要食物；同时，也是其他动物如海豹、鲱鱼、企鹅、海鸟等的基本食物。

磷 虾

磷虾的习性非常特别，它白天生活在深海中，人们在 5000 米以下的水层都能见到磷虾的踪影，夜间才上升到海面。从它的活动方式看，磷虾基本上是做长距离昼夜垂直移动，而且是群体运动，这可能与磷虾生殖方式有直接关系。对于这一点，科学家们产生了浓厚的兴趣。在产卵季节，雌虾把卵排到水里。虾卵在孵化过程中，不像其他产卵生物，卵始终在某一深度完成孵化，它是在不断下沉过程中完成的。受精卵离开母体之后，就开始下沉，边下沉边孵化，一直下沉到数百米甚至数千米的深度，才孵化出幼体。而幼体的发育则是在上升过程中完成的。幼体一出现，则下沉停止，开始上浮，逐渐发育。当幼体发育成小虾阶段，就几乎到达海水的最表层。这时的磷虾长成成虾，在表层觅食、生长、集群、繁殖。到发育成熟阶段，再进行下一代的繁殖。就这样一代又一代，在下沉、上浮过程中，实现磷虾的生命的循环。不同海域的磷虾受精发育过程不同，在热带海洋中，1 年内达到成熟；而在冷水海域，例如南大洋海域，则需要 2 年时间。

人们在了解了磷虾的繁衍生育过程之后，感到十分困惑不解。例如，磷虾产卵后就能自己下沉几百米甚至上千米，这是什么力量在起作用呢？是发生在卵的自身，还是借用某种外力？又如，磷虾卵为什么能承受如此之大的静压变化？要知道，表层海水静压与深海静压相差数百上千倍。再如，磷虾的孵化过程为什么要采取这种下沉—上浮的方式？这是否也是长期适应南大洋环境的一种本能习性？等等。对于这些问题，人们还一时找不出确切的解释。于是，有人提出，最好的办法是通过人工培养，对于磷虾产卵孵化的全过程进行监测、研究。但是，在实验室里，不管使用何种方式，只能做到较长时间地饲养磷虾，而无法获得磷虾产卵、孵化的过程。看来，攻克这一难关，还需科学家继续付出艰辛的劳动。

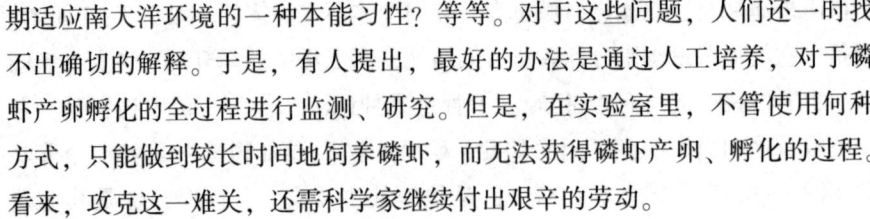

♥ 急需保护的梭子蟹

　　梭子蟹生长在近岸浅海，栖息水深 10～50 米的海区，以 10～30 米泥沙底质的海区群体最密集。梭子蟹畏强光，白天多潜伏在海底，夜间则游到水层觅食，最喜食动物尸体，一条死鱼或死虾，常会招来蟹群争食。

　　雄性梭子蟹脐尖而光滑，螯长大，壳面带青色；雌性梭子蟹脐圆有绒毛，壳面呈赭色，或有斑点。梭子蟹肉肥味美，有较高的营养价值和经济价值，且适宜于海水暂养增肥。头胸甲梭形，宽几乎为长的 2 倍；头胸甲表面覆盖有细小的颗粒，具 2 条颗粒横向隆口及 3 个疣状突起；额具 2 只锐齿；前侧缘具 9 只锐齿，末齿长刺状，向外突出。螯脚粗壮，长度较头胸甲宽长；长节棱柱形，雄性长节较修长，前缘具 4 锐棘。

　　梭子蟹受精卵孵化后变成幼蟹，要经过溞状幼体、大眼幼体、仔蟹 3 个阶段。在自然海区，溞状幼体要经过 4 次蜕皮，变态为大眼幼体，大眼幼体仅为 1 期，蜕壳后即发育成与母体相似的第 1 期幼蟹。从幼蟹到成蟹要经过多次蜕壳，每蜕壳一次，甲壳增大，体重增加一次，而且只有在身体长到特别丰满的时候才会蜕壳。在市场上，许多人都不愿挑选购买蜕壳蟹，误认为蜕壳蟹不新鲜而失之交臂。

　　梭子蟹肉肥细嫩，味道鲜美，营养丰富，不仅为我国人民所喜食，还是我国出口创汇的主要水产品之一。因此，梭子蟹一向被我国视为重要的水产资源。20 世纪 80 年代中期以前，我国的梭子蟹资源丰富，市场上货源充足，价钱便宜。可是到 80 年代中后期，情况发生了变化，不仅量少，价钱也很贵。原来，梭子蟹的资源遭到了破坏。

　　为了保护濒危的梭子蟹资源，目前，有关各省份都订出了保护梭子

蟹的实施细节暂行规定。如浙江省提出捕梭子蟹要严格执行"春保、夏养、冬捕"的生产方针。春季产卵季节不能捕捞抱卵亲蟹。产后，由于壳空肉瘦、仔蟹个体小，都不宜捕捞上市，但可以肥育暂养。冬季蟹肥膏满，商品价值高，有计划的科学捕捞越冬洄游的梭子蟹是比较好的时机。

♥ 寄人篱下的关公蟹

关公蟹据说是因为其头胸甲对称隆起的花纹酷似戏剧中三国时代关公的脸谱，所以得名。这种又被称为鬼脸蟹的蟹种实际上包括了6类，它们是背足关公蟹、颗粒关公蟹、日本关公蟹、伪装关公蟹、端正关公蟹、聪明关公蟹。它们之中，尤以日本关公蟹和端正关公蟹酷似关云长的脸谱，一双丹凤眼，两道卧蚕眉，"面如重枣，唇若涂脂"，相貌威武。若是将它们的头胸甲剥出，作为面具，下面再挂上一排胡须，无需注上文字，看到的人都会异口同声地认定它是红脸关公。旧日捕到这种蟹的渔民，往往对其顶礼膜拜，认为是关云长再世。

关公蟹个子很小，作为御敌武器的螯足更小，为了保全性命，通常过着寄人篱下的日子。与其他动物一起过共生生活，是关公蟹经常采取的方式，而共生的目的仅仅是为了让共生对象成为自己的护身武器。

在日本关公蟹和端正关公蟹栖息的区域，经常可以看到它们用最后2对步足背着贝壳在海滩上行走、觅食，在遇到敌人攻击时，它们无力抗争，也无心应战，只是藏入贝壳中，用别人的躯壳把自己掩蔽起来，以避过敌人的追赶，或者弃壳潜逃，让贝壳成为掩护自己的替罪羊。伪装公关蟹则肩负一

关公蟹

种海葵在背甲上，犹如古代士兵携带的盾牌，在受惊或遇到敌人袭击时，伪装关公蟹便以海葵作为防御武器，由它去应付敌人，自己在一旁坐观其胜，或是借机逃脱。背足关公蟹、颗粒关公蟹、聪明关公蟹，也各有自己避敌的妙招，但是它们的聪明都不是用在依靠自己的力量面对进攻上，而是如何想方设法地提高逃跑的技巧，嫁祸于人，委曲求全。所以，我们无法看到关公蟹与敌人搏斗的场面。

即便是整天修炼逃脱之技，关公蟹也难免有被人逮住的时候。六种关公蟹的相同之处在于，即使此时它们仍然不会扬起螯足战斗，仍以保全性命为第一要旨。关公蟹会自行将被敌人捉住的附肢或胸足弃掉，留给敌人做美餐，从而换得活命的权利，生物学上称这种生理机制为自割。由于关公蟹的足的基节与座节之间具有特殊的割裂点，因而附肢或胸足从此点脱落后不致流血，关公蟹更不会流下痛楚和羞辱的眼泪。它们的再生能力很强，失去的附肢或胸足不久便会慢慢生长起来，但这次经历远远无法促使关公蟹增长一点点反抗意识，仍会我行我素地在海底世界过着懦夫的生活。

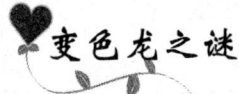 变色龙之谜

变色龙是非常奇特的爬行动物，它有适于树栖生活的种种特征和行为。其体长约15~25厘米，身体侧扁，背部有脊椎，头上的枕部有钝三角形突起。四肢很长，指和趾合并分为相对的2组，前肢前三指形成内组，四、五指形成外组；后肢一、二趾形成内组，奇特三趾形成外组，这样的特征非常适于握住树枝。它的尾巴长，能缠卷树枝。它有很长很灵敏的舌，伸出来要超过它的体长，舌尖上有腺体，能分泌大量黏液粘住昆虫。

变色龙的一双眼睛十分奇特，眼帘很厚，呈环形，两只眼球突出，左右180度，上下左右转动自如，左右眼可以各自单独活动，不协调一致，这种现象在动物中是罕见的。双眼各自分工前后注视，既有利于捕食，又能及时发现后面的敌害。变色龙用长舌捕食是闪电式的，只需1/25秒便可以完成，而且它们的舌头的长度是自己身体的2倍。在树上一走一停的动作使天敌误以为是被风吹动的树叶。

变色龙的种类约有 160 种，主要分布在非洲大陆和马达加斯加岛，其中在马达加斯加居住的种类占 1/2 左右，在马达加斯加这个世界最大也是最独特的变色龙社区里，有 59 个种类是马达加斯加所独有的。目前人们还在不断发现新的种类，或是根据基因分析，将被错分为亚种的变色龙定义为独立的分类。

变色龙的皮肤会随着背景、温度的的变化和心情而改变；雄性变色龙会将暗黑的保护色变成明亮的颜色，以警告其他变色龙离开自己的领地；有些变色龙还会将平静时的绿色变成红色来威胁敌人，目的是为了保护自己，避免遭袭击，使自己生存下来。

变色龙

变色龙变色取决于皮肤 3 层色素细胞。与其他爬行类动物不同的是，变色龙能够变换体色完全取决于皮肤表层内的色素细胞，在这些色素细胞中充满着不同颜色的色素。纽约康奈尔大学生物系的安德森对变色龙的"变色原理"进行了详细解释：变色龙皮肤有 3 层色素细胞，最深的一层是由载黑素细胞构成，其中细胞带有的黑色素可与上一层细胞相互交融；中间层是由鸟嘌呤细胞构成，它主要调控暗蓝色素；最外层细胞则主要是黄色素和红色素。安德森说，"基于神经学调控机制，色素细胞在神经的刺激下会使色素在各层之间交融变换，实现变色龙身体颜色的多种变化。"

响尾蛇的尾巴

在动物世界中，能够用尾巴发声是罕见的。而生活在美洲大名鼎鼎的响尾蛇在遇到敌害或者捕食的时候，尾巴就会发出"嘎啦、嘎啦"的声音。

响尾蛇和蝮蛇一类的蛇，它们的"热眼"都长在眼睛和鼻孔之间，叫颊窝的地方。颊窝一般深 5 毫米，只有一粒米那么长。这个颊窝是个喇叭

形，喇叭口斜向朝前，其间被一片薄膜分成内外两个部分。里面的部分有一个细管与外界相通，所以里面的温度和蛇所在的周围环境的温度是一样的。而外面的那部分却是一个热收集器，喇叭口所对的方向如果有热的物体，红外线就经过这里照射到薄膜的外侧一面。显然，这要比薄膜内侧一面的温度高，布满在薄膜上的神经末梢就感觉到了温差，并产生生物电流，传给蛇的大脑。蛇知道了前方什么位置有热的物体，大脑就发出相应的"命令"，去捕获这个物体。

响尾蛇是世界上一种毒性很强的蛇，体色为黄绿，具菱形黑褐斑点，身长一般在 2 米左右，有很多种，其中最漂亮的是南美响尾蛇。刚出生的小响尾蛇尾巴并没有发声机能，只有尾端仅具有一个纽扣形突起，此后每蜕一层皮，尾端就留下一条角质环节，多次蜕皮之后，这就角质环节膜可多达 12 节，在其尾巴的尖端地方围成了一个空腔，角质膜又把空腔隔成 2 个环状空泡，

响尾蛇

仿佛是 2 个空气振荡器。当响尾蛇不断摇动尾巴的时候，空泡内形成了一股气流，一进一出地来回振荡，空泡就发出了"嘎啦、嘎啦"的声音。

❤ 眼睛喷血的角蟾

在墨西哥的沙漠中，栖息着一种小怪物，名叫角蟾，其实它除了外表有点像蟾之外，其他地方都和蟾不一样，而是蜥蜴类动物。

角蟾是一种形如蛤蟆的蜥蜴，头上长角，身、尾都长着密密麻麻的长刺，头后的一些角刺粗大锐利。它身体长 7～15 厘米，尾巴粗扁，末端很尖，但却很牢固，不易断。角蟾生活在热带沙漠中，平时喜欢在干燥地带或沙地的洞里待着，把头露出洞外，捕食昆虫。它能根据气温高低的变化调整身体的颜

色，以便调节身体吸收阳光热量的限度。当它卧伏在沙漠中时，还能模仿沙砾的颜色和形状，把体色变得几乎和沙砾一模一样，从而可以逃避敌害的袭击。

角蟾

角蟾最奇怪的地方在于，每当它遇到敌害时，便会从眼睛中突然喷出鲜血来，射程可达 1 米，这是它最厉害的一招，使敌人无不吓得惊慌失措，而它则在此时逃之夭夭。由于角蟾有些怪异的地方，所以当地人都称它"妖魔怪物"。但也有些人却把它当做有趣的动物驯养起来，作为生活取乐的玩具。

可以自动调节心率的海鬣蜥

在厄瓜多尔加拉帕戈斯群岛的海岸上，栖息着一种其外貌像史前动物的爬行动物，乍一看它们，那古怪的样子着实令人生畏。有人把它们称作"龙"，其实并不是龙，而是海鬣蜥。海鬣蜥是世界上唯一能适应海洋生活的鬣蜥。它们和鱼类一样，能在海里自由自在地游弋。它们喝海水，吃海藻及其他水生植物。

动物学家认为，加拉帕戈斯群岛的海鬣蜥是由陆生鬣蜥进化而来的。在漫长的进化过程中，它们的形态发生了一系列变化。最明显的是，它们的尾巴比陆生鬣蜥的尾巴长得多，这使得它们能在水里随心所欲地游动。爪子也比较锋利，而且呈钩状，这样，它们不仅能牢牢地攀附在岸边的岩石上，不被大浪卷走，而且还能在有大海流的海底稳稳当当地爬来爬去，寻找食物。

加拉帕戈斯群岛的鬣蜥还具有一些有趣的生理特点。例如，在它们的鼻子与眼睛之间有 2 个腺，这 2 个腺能够按一定周期把体内多余的盐分排出体外。但最有趣的是，这种爬行动物能自动调节心律。下潜时，心律减慢；升到水面时，心跳加快。在预感到鲨鱼即将来临时，能立即停止心脏跳动，使敌人不易发现它们。科学家们曾做过这样有趣的试验：在一只海鬣蜥身上安装一个微型遥控探测器，然后把它放进海里。当科学家从远方向它发出危险信号时，它立即停止心脏跳动，停跳时间竟长达45分钟。

❤ 蝌蚪尾巴掉落的秘密

蝌蚪是两栖类个体发育的一个初级阶段，早期的小蝌蚪，体呈圆形或椭圆形，外形似鱼，具有侧线器官。由于口内尚未出现孔道，不能摄取食物；以后眼与鼻孔相继出现；头下有吸盘，可用来吸附在水草上。头两侧具有外鳃，有呼吸功能。尾大而扁，内有分节尾肌，肌节的上下方有薄膜状的上下尾鳍，能帮助蝌蚪在水中游泳。口出现后，以唇部的角质齿刮吃藻类，开始在水中独立生活。当吸盘消失时，外鳃也萎缩；随着咽部皮肤褶与体壁的愈合而形成鳃盖，并在体表的左侧，或在腹面中部或后方保留1个出水孔，由鳃腔内的内鳃进行呼吸，随着肺的发生也能在水面上呼吸游离的氧。发育到一定时期，长出后肢，末端分化出5趾，再从鳃盖部位长出前肢，之后就变成青蛙。

在小蝌蚪变成一只只青蛙之后，它原来长长的尾巴就会消失。那么，是什么原因让小蝌蚪失去尾巴的呢？

刚孵化出来的蝌蚪在水中要靠尾巴活动，以后由于慢慢长出了前肢和后肢，可以在水中游动或者在陆地上爬跳，尾巴也就失去作用而消失了。但蝌蚪的尾巴并不是掉落，而是自动消失的。因为我们从来也没有看见它掉落下来的尾巴。由于动物的细胞是由细胞膜、细胞质和细胞核所组成的，在细胞质中有一种叫溶酶体的小细胞器，它除了清除和吞噬进入细胞里的外来有害物质外，还能溶化和"吃"掉细胞自身新陈代谢过程中产生的一些废物或者多余东西。当蝌蚪的尾巴失去作用成为废物时，就被细胞中的溶酶体"吃"掉，所以，蝌蚪的断尾巴我们从来也找不到。

节肢动物全知道

昆虫的储备

储备食物是昆虫的本能。大家都知道蚂蚁和蜜蜂吧，它们在临过冬前是多么辛劳，多么繁忙啊！辛劳的蚂蚁和繁忙的蜜蜂是永不衰落的人类创造精神的象征。然而，轻浮和无忧无虑的蟋蟀却与它们相反，整个夏天都是一个劲儿地到处唱呀跳呀，从不安分守己。蚂蚁和蜜蜂不仅为自己而劳动，同时作为组织严密协调一致的自己种群的成员也为集体而劳动。在文学上人们常常采用人智主义从人类地位的高度来评价它们的活动。蚂蚁和蜜蜂确实会储备食物，并用以保证自己顺利地过冬。但蟋蟀倒不需要那些储备食品，因为它的生活史本身就意味着它所需要的完全是另外一些过冬条件。在昆虫纲食物储备的复杂形式里，某些生物社会（例如蜂群、蚁冢等）的代表具有无条件反射和行为反应的特殊能力，出现了极其高度的专门化。

昆虫储备食物的原始形式可以在冬夜蛾幼虫身上看到，它对粮食作物危害很大。冬夜蛾常常在杂草上产卵，由卵孵化出来的幼虫起初生活在杂草上，附在叶下背阴处。但是，它经过3次蜕皮后，就开始转入地下居住。同时，它的营养状况也发生变化。白天，它在土块之间或者在耕地深处躺着，蜷缩成一小团儿；夜里，爬出觅食。化蛹之前，它咬下叶子和谷茎，并将它们拖到自己的洞里，以备夜里和白天食用。只有具备这些充足的食物储备，才能保证幼虫发育的最后阶段所必需的昼夜营养。

在非洲和中亚一些地区的类似蚁群的生物社会里，有一种白蚁能建造更大的巢穴。据考察，每次在它们的巢穴里都会找到大量的被"切碎"的杂草、被收获并晒干的谷物以及其他作物种子等储备品。白蚁属于昆虫纲，它们同普通的蚁类和蜜蜂一样，同样具有在生物社会的基础上形成的极其复杂的本能，但这些本能只能在严格特殊的条件下才能表现出来。在白蚁洞穴里有仓库，即储藏室或贮存食品的专门地方。它们尽量设法筹措到更多的菌丝体，以便供自己尚未出世的幼虫食用。中亚白蚁不像它们的非洲亲戚那样去建筑那些庞大的住宅。但是，它们也同样进行真菌的培育和储备根、茎，甚至种子等植物性食品。

❤ 最大和最小的昆虫

世界上的昆虫，大约有100多万种，它们的体积大小悬殊很大。有的竟大如口杯，有的则比米粒还要小。

最大的昆虫，是在非洲生活的一种巨大金龟子，其最大的雄性，体重竟在70~100克之间，为世界上罕见的巨型昆虫动物。

最小的昆虫，是一种叫仙女蝇的小蝇，它们的身长最大的超过0.21毫米，两个翅膀伸展开来，总长度只有1毫米多些。

❤ 昆虫界的飞行冠军

昆虫世界里有许多善于飞行而且飞行速度非常惊人的昆虫，如蜜蜂、蜻蜓、苍蝇、蚊子等，当然它们与鸟类相比，的确是不值一提的，但从二者翅膀的结构和体积相比，昆虫的飞行能力还是值得一谈的。

在南美洲有一种名叫牛虻的昆虫，其体型比苍蝇稍大一些，雌性牛虻常常危害家畜，有时也吮吸人的血液。但是它却有一套令人惊叹的飞行本领，飞行速度可达720千米/时左右，世界上任何飞行动物都能以与之相比拟，因此，被誉为昆虫界的飞行冠军。实际上它也是动物界的飞行冠军。

昆虫的嘴巴

　　昆虫的嘴巴常因它们吃的食物不同，而长得各种各样。

　　如蟑螂、蚱蜢的嘴，主要是一对大颚，里面有钝齿，能左右开闭，以嚼碎食物；蝴蝶的大颚已经退化，嘴里是细而长的空管子，像一盘发条卷在头上，可伸入花蕊稀释花蜜；蚊子的嘴有一片唇和一条叫上咽头的东西合成的食管，大小颚变成细长的刺，以刺穿皮肤，吸取血液，食管能张大成球，用以储存吸入的血，缩小时把血压入胃里消化；苍蝇的嘴更奇怪，它舔舐东西时是由下唇变成的前端张大而成二片肉质片，下面有许多凹和角质的菱像把锉刀，当遇到坚硬食物时就来回刮舔成细粒，然后溶化到唾液里再吃掉。

昆虫的眼睛

　　昆虫的视觉器官，有单眼和复眼两种。有些昆虫像金龟子、蛾、蝶等近在幼虫时有单眼，没有复眼，到成虫时期单眼就不显著了，栖息在黑暗处的昆虫，单眼和复眼几乎都退化而成了瞎子。而有些昆虫（如蜻蜓）既有单眼，又有十分发达的复眼。

　　各种昆虫的单眼数量都不一致，如粉蝶类只有 1 个，蚕蛾的幼虫却多达12 个，金龟子和龙虱等却 1 个也没有。复眼的数量也不同。有一种甲虫每个复眼仅有 7 个小眼，而蜻蜓的复眼则由多达 2.8 万个小眼组成。

　　单眼除了能辨别明暗之外，还可以看到极短距离内物体的不清晰倒影；而复眼能识别物体的形象，看清运动着的物体形象，还能辨别颜色。特别是像蜜蜂等的复眼能感受"偏振光"，因而即使在阴云不见太阳的天气里，也能确定正确的方向，而不会迷失方向。

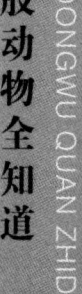

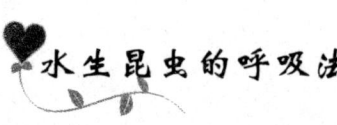

水生昆虫的呼吸法

陆地上昆虫的呼吸，是通过胸腹部的气门进行的。那么生活在水里的昆虫又是怎样呼吸的呢？

龙虱是生活在水里的昆虫，它并没有像鱼一样用鳃进行呼吸。但它仍然和陆上昆虫一样是通过气门进行呼吸的，只是它的生理构造有些特殊。在它背部的角质前翅下边生长着一个向下凹陷的空腔，从中胸直到后腹的贮藏空气的背囊，在腹部环节的两侧也跟其他昆虫一样生长着气门。它在水中呼吸时所需的空气就是由气门的贮气背囊里取得的。当贮气囊里缺乏空气时，它便浮到水面，打开贮气囊上一条小缝，充满空气后，便又可钻到水底，继续使用。除龙虱外，牙虫、松藻虫等水生昆虫也是这样进行水中呼吸的。

昆虫的触角

昆虫一般在头部上端和前端都有一个上下左右可以活动的触角，其形状多种多样，有锯齿形的、毛线形的，有的像和尚用的念珠，有的则像鱼的鳃片。其功能并不是作装饰之用，而是极重要的嗅觉器官，可用来寻找食物，辨别同伴，还可以像收音机天线一样发出和接收信息，找到配偶进行交尾等目的。而水龟虫的触角却是用来吸空气的。

人们一方面可根据昆虫的触角给昆虫分类，一方面还可以根据触角分辨昆虫的雌雄。另外还可以利用昆虫触角能传送信息的功能，在田间引诱益虫来培养繁殖和干扰破坏害虫的正常交尾鱼繁殖，以达到用虫制虫保护农作物的目的。

昆虫的"语言"

各种动物，都有自己的语言，它们在寻觅食物，逃避敌害，追求配偶，以及警戒呼救时，都用多种多样的"语言"来表达。

蟋蟀，蝼蛄的雄虫，靠翅震和摩擦发音，蝉的腹部有鸣声器进行鼓动鸣叫，蚁类用头部敲击巢穴产生音节，蜜蜂不但会用声音"语言"，还会用"舞蹈通信"。而更多的昆虫是使用"气味语言"来标明地点，鉴别敌人，引诱异性，寻找配偶，发出警报或集合群体。

当一只小蚂蚁受到伤害或将要丧命时，它会立即放出一种叫做"警戒素"的信息素，以报告同类，赶快逃走或自卫；白蚂蚁中的工蚁，在行进过程中一边爬行，一边洒"追迹素"，给同伴建立路标，引导前进方向。

目前人们已查明了 100 多种昆虫的信息素的化学结构，为人工引诱益虫，捕杀害虫提供了有效方法。

利用偏振光导航的昆虫

偏振光是指在某个方向上振动，或者某个方向的振动占优势的光。太阳本身并不是偏振光，但当它穿过大气层受到大气分子或尘埃等颗粒的散射后，便产生了偏振光。

远在人类出现以前，蚂蚁和蜜蜂等动物已经懂得用太阳的偏振光来导航了。

在沙漠中有一种蚂蚁，当它到处寻找食物时，总是弯弯曲曲地前进，可是一旦得到食物，即使离巢很远，也会直线返回。蚂蚁是用紫外线导航的，但是如果使天空光去掉偏振，它也不能正常活动，所以它是利用偏振紫外线导航的。蜜蜂的偏振光导航是靠头部的复眼，每只小眼里有 8 个作辐射状排列的感光细胞，它靠这些小眼来感受天空偏振光导航。大头金龟子也是靠天空偏振光导航的，当它觅到食物回家时，总是走捷径，一开始便能将航向对准巢穴，而且从来不会迷失方向。

蝈蝈鸣山又一景

"蝈蝈"是非常典型的昆虫——它的身体分头、胸、腹3个部分，头部长着单眼和复眼、口器和触角。胸部长有3对足，有2对翅。消化系统和生殖系统位于腹部。骨骼长在身体外部。外骨骼为柔软的内部器官支起了一层防护铠甲。

蝈蝈儿有3种，草蝈蝈儿、山蝈蝈儿和麦茬蝈蝈儿。山蝈蝈儿也叫铁蝈蝈儿，顾名思义，其个头大，颜色深，叫声响，特皮实，雄蝈蝈儿还有2道若明若暗的金眼圈儿。

香山现在有树数百种共20多万棵，其中黄栌就占了一半，每到深秋层林尽染，红叶如丹。黄栌林中夹杂着松、柏、槐、枫和野桑及酸枣丛，其总体的温度、湿度都非常适宜蝈蝈儿的生长繁殖。香山公园现在采用的是放养种源和人工培育放养相结合的办法，使"蝈蝈鸣山"成为与"香山红叶"齐名的又一景致。

蝈蝈儿是一种杂性动昆虫，以杂草灌木的嫩叶和各种小昆虫为食，森林害虫对它望而生畏，同时，它们又为各种鸟类所喜食。香山公园还希望借此形成一种良性的生物食物链，使园中的整体生态环境更加和谐美好。

蝈 蝈

管理人员还说，虽说蝈蝈儿目前属放养阶段，只供聆听，不可捕捉，但一旦其繁殖到一定数量就有可能解禁，为的是保持生态平衡。到那时，相约到香山逮蝈蝈儿又会成为一件充满意趣的乐事。

动物知识全知道

DONGWU ZHISHI QUAN ZHIDAO

蝴蝶趣谈

蝴蝶是昆虫中数量很大的一类，据估计，全世界有 1400 多种。它在 6000 万年前就生活在地球上，由于它有比花还美丽的鲜艳色彩，比风还轻盈的风姿，因此人们爱称它是"会飞的鲜花"。我国有 1300 余种以上的蝴蝶，比欧洲蝶类多出 2 倍以上，其中有不少是世界罕见的品种。我国台湾省是著名的蝴蝶产地，素称"蝴蝶王国"，约有蝴蝶 400 余种。最古老的蝴蝶化石距今约有 6000 万年。举世公认最美的蝴蝶是荧光翼凤蝶。

蝴蝶利用翅膀上色彩斑斓的纹饰来作为一种伪装。这些五颜六色、不规则排列的花纹、圆点和线条把蝴蝶翅膀的表面分成许多很小的部分，这样，当背景是一片鲜花盛开、五彩缤纷的草地时，蝴蝶就很难被它的天敌——食蝶的鸟类发现。

蝴蝶的视觉细胞比人多 1 种（4 种），所以它们的可见光范围和辨色能力都比人强得多。这正是它们能从色彩斑斓的大家族中分辨出异己亲疏的原因，也是仿生学家颇感兴趣的问题。

使科学家们惊叹的是，蝴蝶能在飞行中灵活自如地"运用"喷气发动原理。据观察，蝴蝶在飞行过程中，有 1/3 时间翅膀是贴在一起的，而这种飞翔姿势能保持不掉下来，其奥妙何在呢？原来在一定的飞行瞬间，蝴蝶的一对前翅会形成一个空气"收紧口"，一对后翅则形成一个喷气口，这样就保证了蝴蝶翅膀贴在一起也不掉下来。奇妙的是，蝶类的这种喷气动力装置，竟可随着翅膀的张合，随心所欲地形成和解体。蝴蝶还为人造地球卫星的温度控制立下了汗马功劳。蝴蝶的体表覆盖着一层细小的鳞片，每当气温上升时鳞片会自动张开，减小太阳光的辐射角度，减少对阳光的热能吸收；气温下降时，鳞片自动闭合，紧贴蝴蝶体表，阳光直射到鳞片上，蝴蝶便能吸收更多的热量。这样，即使气温变化较大，蝴蝶也能把自己控制在一个正常的温度范围内。

遨游于太空的人造地球卫星，它所处的位置有时受到阳光直射，有时处于地球阴影区域无阳光。当受到阳光的强烈辐射时，卫星温度高达一二百摄氏度，如没有阳光的辐射，卫星温度可下降到零下一二百摄氏度。为使卫星内的各种仪器、仪表不致烧毁或冻坏，设计人员设计了一种控温系统，有如蝴蝶调节体温的结构一样。控温系统外形似百叶窗，每扇叶片的两面，辐射散热能力不同，一面很大，另一面极小，百叶窗的转动部分装有灵敏度很高的热胀冷缩的金属丝控制。卫星温度上升时，金属丝膨胀，叶片便会张开，辐射散热能力大的一面转向太阳，便于散热降温；温度下降时，金属丝冷缩，叶片便会闭合，辐射散热能力小的那一面便会转向太空，抑制散热，起到保温作用。

世界上有不少鸟类和昆虫有集体迁飞的习性，但蝴蝶能进行大规模的集体迁飞，则是颇为罕见的。它们迁飞时的数量少则成千上万，多则数以亿计，有时是单一种类，有时则是两三种混合编队；迁飞距离近则几十千米，远者可漂洋过海做洲际旅行。据记录统计，世界上曾有214 种蝴蝶进行过 1273 次迁

蝴　蝶

飞旅行。1935 年有一群斑蝶从中美洲的墨西哥迁飞到北美洲的阿拉斯加，行程长达 4000 千米，当蝴蝶群飞越大洋时，遮天蔽日，光彩夺目，极为壮观。非洲的蝴蝶一到春天，就向北迁飞，它们越过地中海、阿尔卑斯山，经过德国、法国和英国，可一直飞到冰岛和北极地区。在我国历史上也有过蝴蝶迁飞的记载，大多发生在云南、广西地区。

这么小的昆虫，能有如此顽强的远途迁飞的毅力与本领，确实是令人不解的奇事。

蜘蛛的功绩

蜘蛛的种类极多，数量庞大，因为多数都有不同程度的毒性，所以人们都不喜欢它；其实，蜘蛛并不是害虫，而是一种对人类有功绩的益虫。

科学家曾在英国田野中测得在4000多平方米的土地上有多达225只蜘蛛在活动，它们至少有半年时间忙着捕杀昆虫，其中很多昆虫是人类的大敌，如苍蝇、蚊子、蝗虫等。蜘蛛的食量非常惊人。据统计，世界上所有被鸟兽吞吃掉的昆虫加在一起，仅仅占蜘蛛吞吃掉昆量的很少一部分。在英国有人估量过所有蜘蛛1年吞吃的昆虫的全部重量加在一起，竟大于英国全部人口的总重量。但就是这样，蜘蛛们通常还是饥饿的。

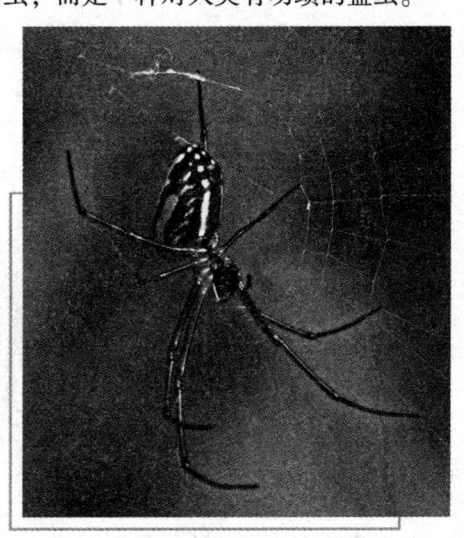

蜘　蛛

最古老的甲壳动物

鲎是一种最古老的低等节肢动物，生活在我国东南沿海，属甲壳类。在4亿多年前，地球上还没有出现鱼类时，它已经在海洋中生存了。经过漫长的岁月，它不仅现在仍然存在，而且变化不大，几乎与其祖先的特性和生理结构相似。

鲎的身体分为以关节相连的3部分：宽阔马蹄形的头胸部，小得多的分节的腹部和1根长而尖的尾剑（尾节）。头胸部上表面光滑，隆起，侧面有1对复眼，中脊前端有1对能感受紫外线的单眼。头胸部的腹面有6对附

肢：第一对称为螯肢，专门用以捕捉蠕虫、薄壳的软体动物和其他猎物；其他 5 对附肢围绕于口周围，其功能为步行和进食（步足），每个步足的基节内侧有长刺，用以剥离食物并将其滚入口中。最后 1 对步足基节后面有 1 对退化的附肢，称为唇瓣。

鲎有 4 只眼睛。头胸甲前端有 0.5 毫米的 2 只小眼睛，小眼睛对紫外光最敏感，说明这对眼睛只用来感知亮度。在鲎的头胸甲两侧有 1 对大复眼，每只眼睛是由若干个小眼睛组成。人们发现鲎的复眼有一种侧抑制现象，也就是能使物体的图像更加清晰，这一原理被应用于电视和雷达系统中，提高了电视成像的清晰度和雷达的显示灵敏度。为此，这种亿万年默默无闻的古老动物一跃而成为近代仿生学中一颗引人瞩目的"明星"。

鲎形似蟹，身体呈青褐色或暗褐色，包被硬质甲壳。头胸部和腹部均向背面隆起，前面较圆厚，往后趋向扁平，后面延长在剑尾，沿腹部外缘并排着侧缘棘，构成鲎的特殊体形。

鲎

鲎喜欢在浅海游泳活到深海爬行，为防敌害，它经常藏匿在泥沙中，只露出剑尾在外警戒。它每年四五月间成双成对、形影不离地相携到近海繁殖，产完卵后，即离开儿女又回到深海去，幼仔经 8 年才能达到成熟。

❤ 最大和最小的蜈蚣

蜈蚣又名足虫，是多足类陆生环节动物，种类很多，体形构造大致相同，身体分头与躯干两部分，有许多体节，每个体节有 1 对步足，末端有爪用于迅速爬行。头部生有颚牙，呈尖钩状，内通毒腺，所以一般都有毒。

蜈蚣的个体悬殊很大，如分布在南美洲的一种尚未定名的蜈蚣，体长仅 0.48 厘米，很易被人认为是小黑蚂蚁，它是蜈蚣中最小的一种。但产于南美牙买加的一种热带蜈蚣，它不只是世界上最大最长的蜈蚣，也是附肢最多的动物。它长着 180 对步足，最长的足可达 26 厘米，体长的竟达 1 米以上，栖居于山溪潮湿阴暗的岩洞里，夜间出洞捕食老鼠和壁虎等小动物，当发现猎物时，能飞速爬行，并用扁长的身体将猎物包围，然后用足爪刺死，更奇特的是，全部步足都是防敌的武器，能发射出有毒烟雾置敌人于死命。

飞行能力很强的蜻蜓

蜻蜓，是善飞的昆虫。它的飞行速度与女子百米短跑世界冠军的速度相差无几，即使是奔驰火车的速度也和飞行的蜻蜓不相上下。

蜻蜓长着 2 对膜翅，平行伸展在脊背上，很像一架飞机，它能像燕子一样低飞于水面，又能和鹰隼一般在空中滑翔，飞行速度为 50 ~ 70 千米/时，它的远程飞行更是惊人。有一种蜻蜓可从英国东海岸，越海飞到法国去旅游。还有一种海蜻蜓能从赤道附近飞到日本。澳大利亚的海蜻蜓可从澳洲大

蜻　蜓

陆飞到距大陆 500 千米的海域上巡游，一个来回就是 1000 千米。所以蜻蜓的飞行速度和飞翔能力在昆虫世界里是很著名的。

纤维之王——蚕

蚕是人类饲养一种有益昆虫，它吐的丝是世界上至今仍被誉为性能最好的纤维。

它制造的蚕茧只有红枣般大小，是由一条不断头的单丝纤维织成的，可抽出长达 1 ~ 1.5 千米，最长可达 3 千米的丝，是天然纤维中最长的。蚕丝是一种柔中带刚的物质，其拉力几乎和钢丝相当，表面有同象牙和珍珠一样柔和的光泽，具有很好的塑性和弹性，把它拉长 1/7

蚕宝宝

长度时，它可恢复原来的长度，而且吸湿性能良好，所以被称为"纤维之王"。

蚕由卵发育成幼虫到蛹的过程，一般要经过"四眠五令"，其生活期为 26 ~ 28 天，而后即吐丝作蚕变为蛹，由蛹变为成虫——蛾，雌雄蛾交尾产卵后随即死去，完成了一代的繁殖任务。

白蚁啃木的秘密

白蚁是一种专爱吃坚硬木质纤维的小动物，不论房屋建筑、电讯器材、农村设备、木器用具等，都会被白蚁蛀蚀一空，造成缺损断裂或倒塌等严重事故，是为害人类的大敌。

白蚁为什么要蛀蚀木质？经过观察发现白蚁的消化道内寄生着多种原

生动物，其中有一种叫披发虫的（亦称超鞭毛虫），身上长着很多细长的鞭毛，能在白蚁的肠液里自由游动，并专以分解木质纤维为生。它把木质纤维加工后分解成酶，为白蚁吸收和利用，所以白蚁啃木必须依赖披发虫为它效劳，而披发虫的食物来源又离不开白蚁为之提供。这在生物科学上叫做共生现象，反映了生物与生物之间奇妙的适应关系。

有益于农作物的瓢虫

瓢虫是半球形色斑明丽的小甲虫，种类很多，多数对人类有益，但也有少数种类是危害农作物的。夏秋季节，在大田、果园内，时时可见它们在奔波觅食，它们毕生为人们努力捕食危害庄稼、果树的蚜虫、介壳虫，所以人们对它颇有好感，我国人民亲昵地称之为"花大姐"。不少国家从称呼上也表达了对它的良好感情，如英文称"淑女"，德文称"圣母甲虫"，法文称"神畜"，俄文称"神牛"等等。

据统计，全球已有19种瓢虫登上了"特级吃虫能手"的光荣榜，并在消灭蚜虫和介壳虫的战斗中大显身手，成绩非常显著，为保卫棉田、果树立下了不朽功劳。

能听懂音乐的蚊虫

在夏秋季节的傍晚或凌晨，是蚊虫最活跃的时刻。如果这时你站在蚊虫聚集的地方，唱一支小曲，便会发现，当唱"1"（多）的长音节时，就会有许多蚊虫被你招来，甚至飞到你的口中。但当你唱"4"（法）的长音节时，它们又会悄然远远离去。虽然做过多次实验，其奥秘仍未完全揭开。

由于蚊虫爱听"1"的音节，厌恶"4"的音节，科学家们便利用蚊虫这一有趣的特性，制造了许多号型扬声触杀器，引诱蚊虫聚而灭之。

♥ 会送礼求婚的甲虫

动物间的婚恋生活，是饶有趣味、多种多样的，如歌舞、打扮、温情、引诱、强制等。但谁能知道，竟还有送礼求婚的呢！

有一种食肉昆虫叫牛虻，追求对象比较讲礼节。它的雄性前足跗节很大，可分泌出丝来。当它在求婚前先捕捉一个小虫，用丝精致地包装成个茧包，作为送给对象的定情礼物，如果雌虫对礼物感兴趣，就跟随雄虫一起飞行。在飞行中，双双完成交尾后，雄性留下礼物飞走，雌性便撕开茧包美餐一顿。不过有些雄虫则不那么讲究，只是送一个不带茧包的小虫。甚至还有个别骗子，引诱雌虫与它交尾后，只送给雌虫一个没有虫子的空茧包。

♥ 双刀手——螳螂

螳螂的2条前足活像2把刀，刀上还有刺，扎到肉里夹得特别结实，甩都甩不掉，有些地方管它叫"刀螂"，这倒也名副其实。螳螂一般在秋天最多，草里、树上都有。它用四条腿站着，蜷着两条前足，仰起头望着周围。捉它的时候，它不跑也不怕，使得你由正面不容易下手，从后边下手也不行。它那三角形的脑袋很灵活，能转过头来盯着你。只要你手一到，它就会左一刀，右一刀，刀上才算。中国有句古话说"螳臂挡车"，小小的螳螂要用它

螳　螂

的胳臂去挡大车，这句话当然是讽喻不自量力的人，可是这句话并不是凭空想出来的，因为螳螂真有点天不怕、地不怕的劲头。

螳螂的双刀是自卫的武器，也是捕食的工具。它用这两把刀捕捉活虫，就是大蚂蚱也常被它牢牢地夹在刀里，抱起来大嚼。螳螂的刀也是足，像这样的足叫"捕捉足"。它的特点是：基节很长，可以伸得远；腿节上有个槽，胫节可以放在槽里；胫节和腿节就好像折刀一样，可以折起来，也可以打开。有这种武器的昆虫不只螳螂一种，像水里的水螳螂、水蝎子和田鳖等也都有"捕捉足"，甚至蝇类也有类似的武器，不过螳螂是其中最有名的双刀手罢了。

赛锥嘴——猎蝽

猎蝽就是会"打猎"的椿象（蝽代替"椿象"二字）。一般的椿象也叫"臭大姐"，在植物上很常见，嘴像一条针管可以刺入植物里去吸食汁液，所以多半是农作物的害虫（它有时也吃虫子）。猎蝽则不吸食植物汁液，也不危害农作物，而是专门捉虫子吃的。说它"吃"虫子，还不如说它"吸"虫子更恰当些，因为它是把嘴刺入虫体来吸血的。猎蝽的嘴好像一把锥子，里面套着几根长针，针在锥状的管内来回伸动，就好像打钻似地越插越深，刺入猎物体内就可以直接吸食其体液了。虫子被它扎上一锥子当然要挣扎，但猎蝽也有办法，它能注射一些毒水就像给虫子打一针麻醉剂似的，等猎物老实了再慢慢地吸其体液。

猎蝽的嘴是它的捕食工具，也是个防御敌害的自卫武器。猎蝽的身体常有红色或黄色的鲜明色彩，很好看，在植物上活动，在地上爬行，也飞到灯光下来。当你捉它时，一不小心就会挨它一锥子，一股毒水注入伤口，使手要疼好久，因此说它的嘴赛过锥子是不过分的。生活在水塘里的水蝎子、水螳螂、田鳖、负子虫，还有专门躺着游泳的仰泳蝽等也和猎蝽一样，有个"赛锥嘴"，捕捉时要注意，千万不能小看它们。

暗藏毒箭的蜜蜂

　　蜜蜂螫人，谁都知道。难道蜜蜂专门喜欢去螫人吗？为什么养蜂的人不怕蜜蜂，连面罩和手套有时都不戴，就敢检查蜂箱，一群群的蜜蜂围着他飞，甚至不时地停在他身上、手上，却不螫他呢？这并不是因为他生来就不怕螫，也不是蜜蜂不敢螫他，而是由于养蜂人了解了蜂群的习性，不去有意或无意地惹恼蜜蜂。蜜蜂是蜂类里面最和善的，这也许是人们经过几千年饲养的结果。工蜂整日忙碌于花间，采集花蜜花粉、筑巢、酿蜜、哺育幼蜂，过着勤劳的集体生活。蜜蜂既不去打扰别的昆虫，更不会去捕捉别的昆虫，所以它是不会主动去攻击的。当你触动了它的时候，自卫的本能就会毫不客气地给你一"钩子"。这个钩子就是它的自卫武器叫作"螫刺"。螫刺平时缩在肚子里，用的时候才猛然伸出来，在刺入的同时注射一股毒水，真像是暗藏着的一支"毒箭"。

　　非洲的野蜜蜂经常遭到兽类的袭击和人类挖蜜的骚扰，逐渐形成了易怒的性格，稍有惊动就群飞自卫，甚至见人就追，痛螫不放！后来为了改良养蜂业的蜂种被引到南美，不慎飞逃了一些，在荒野筑巢繁殖起来，竟成了震惊世界的"杀人蜂"，以很快的速度正在向北蔓延，至今仍未完全控制这一灾害。

　　蜜蜂并不是都螫人，因为螫刺是由产卵器变成的，所以只有雌蜂才可能螫人。蜜蜂的工蜂全部是雌性的，所以这就是我们所遇到的蜜蜂都可能螫人的原因。蜜蜂很爱护自己的武器，不到必要的时候

蜜蜂采蜜

绝不轻易使用，因为它的螫刺上有倒钩，插进人的皮肤里就拔不出来，而蜜蜂挣扎飞去，损伤了自己的器官，一般也活不成了。

马蜂螫起人来比蜜蜂要厉害得多，这不仅是因为它的个儿比较大，主要是马蜂的性情凶恶。当你稍微一靠近蜂窝，守在蜂窝上的马蜂就立刻警惕地盯着你，扇动四翅作出准备攻击的姿态。如果你不立刻躲开，它就会向你发动突然袭击，这时再跑也来不及了。马蜂追起人来从不轻易放过，一定要螫完了它才返航。如果捅了马蜂窝，在群蜂围攻之下，不挨几下子是很难下场的，怪不得人们常把惹恼了性情暴躁的人时比作"捅了马蜂窝"呢。

身披毒刺的毛虫

提起毛虫，不少人会想到"洋拉子"。生活的经验告诉我们，这种身上长刺的虫子是人人厌恨的。洋拉子的名字是说它会"刺"人，也有管它叫"刺毛"、"八角子"、"蛞蛞儿"等名称的。总之，都是形容这种虫子身上有毒刺，能够刺人，而且刺了很疼。用昆虫学的专用名词来说，它就是刺蛾的幼虫，刺蛾的种类很多，绿色的青刺蛾、黄色的黄刺蛾，还有褐刺蛾、白刺蛾等。各种刺蛾的幼虫也不同，青刺蛾幼虫是黄绿色的，两头各有4个大黑点，也就是4丛黑刺毛，其他部分有枝状的刺（简称枝刺）。刺的下面连有毒腺，一碰到它，小刺的尖就断掉了，毒水也随着流了出来，就如同挨蜜蜂螫了似的，当时虽然很疼，但过些时候毒水失去作用就不疼了。然而被毛虫刺过的地方，过好几天还是又痒又疼，越抓越疼。这是什么缘故呢？原来，毛虫浑身长着刺毛，虽然有些刺毛的本身没有毒，对人体没有化学刺激，但是刺毛上面有许多小倒刺，扎到皮肤里不容易拔出来，并且越使劲抓挠，刺毛越往里钻，所以说越抓越痒也越疼。这种机械刺激不是一般药水所能解决的，最好是被刺后马上用胶布或用伤湿止痛膏把刺毛粘出来，或涂些氧化锌软膏。毛虫的刺是人人讨厌的，因此也起到了自卫的作用。

身披毒刺的毛虫还有不少种类，像枯叶蛾和毒蛾的幼虫，也是常见的大毛虫。松毛虫是专门危害松树的害虫，身上也有一些黑色的刺毛，扎到手上疼得很。它们长大变蛹时，还把这些刺毛贴在自己做的茧上，一动它就会扎一手小刺，疼不可言，用镊子一根一根的很难拔净。有一些毛虫，它们的毛是软的，虽说并不刺人，也无毒水，但接触到皮肤时引起过敏反应。这与不同人的生理反应有关，有时是相当严重的，虽然大多数的毛虫都是无毒的，用手去拿也没关系，但往往使人望而生畏，同样起到了自卫的效果。

武装到牙齿的甲虫

在小说中古代的大将一出马，总要说他的全身披挂："头戴紫金盔，身穿亮银甲，胸前护心镜……。"中国如此，外国亦然。欧洲中世纪的骑士所穿戴的一套钢盔铁衣，不是压得堂吉诃德先生都站不起来吗？把身体用金属包起来，而且还能照样活动，这就是保护自己、便于交战的防御设备。昆虫也有"盔甲"，不过，它的盔甲不是外加的，也不是金属的，可是却把自己全身都保护得很好，又可以很灵活地行动。

甲虫就是身披铠甲的昆虫，如金龟子、象鼻虫、步行虫、天牛等。它们从头到尾，以及背面、腹面都是坚硬的表皮，连一对前翅也变成角质的硬壳了，有人把它们叫硬壳虫、硬盖虫，也算名副其实。昆虫学上叫它鞘翅目，也是由于它们都有这个共同的特点。

拿象鼻虫来说，它的身体好像顽石一样坚固。热带森林里有许多花花绿绿的象鼻虫，人们常常用它来比力气，因为用两个手指想把它捏破并不是一件容易的事，可见它那铠甲的自卫效果了。

再说那长着长长触角的天牛，不但全身披挂，周身坚硬，同时还有一双利齿，可以把木头咬成洞钻出来，或者咬破树干来产卵。因为它的幼年时代都是在木头里面度过的，所以是树木的大害虫，桑树就常被天牛和它的幼虫咬成洞以致枯死。这种利齿也是它自卫的武器。

有锐利"牙齿"的甲虫很多，以捕食为生的步行虫、虎甲虫等都有发达的利齿，可以捉地老虎、黏虫、蜗牛等害虫吃。但是它们的"牙齿"比起锹甲就差得太远了。锹甲也叫鹿甲，由于它的头宽大如铁锹，1对特别大的"牙齿"像鹿角才得了这些名字。人们看到这么大的1对钳子似的"牙齿"，会认为它是一种捕食性的昆虫，其实锹甲常在树干、树枝上专吃树干流出的汁液，并不吃虫的。这个大钳子和吃东西没有关系，只是自卫的武

甲 虫

器。锹甲雌虫的"牙齿"并不大，只是雄虫才特别发达，这2个"牙齿"实际就是它的一对上腭。当两个雄虫相遇时就立刻发生角斗，只听得咯吱咯吱乱响，两个雄铁甲扭在一起，僵持片刻，力量大的会猛地一下把对手整个翻倒在地……看到这真刀真枪的格斗，你不得不惊叹甲虫真可称得上是武装到牙齿了。

有专门武装队伍的蚁和白蚁

　　蜜蜂是集体生活的昆虫。它的群体有分工，工蜂有守卫大门的义务，又是采蜜、筑巢等工作的重要劳力，所以保卫工作只是工蜂的任务中的一项罢了。有没有更专门一些的分工呢？我们可以在蚂蚁巢中找到这个答案。蚂蚁的群体里除去有蚁王、蚁后之外，有许多工蚁担当着全巢的各项工作，如采集食物、喂养幼蚁和建筑清理巢穴等。同时，工蚁也是保卫者，尤其是两个巢的蚂蚁交战的时候，可以看到成群结队的工蚁陆续鱼贯而来。不同的是蚂蚁的群体中还有一些"兵蚁"，它们的特点是头特别大，看起来很笨，可是遇到敌人来袭击蚁巢的时候，它们却大有用处。几个"兵蚁"把住洞口，必要时把大头往门口一堵，就什么也进不来了。

　　在白蚁的群体里，这种分工就更细致了。白蚁不是蚂蚁，所以我们用蟊来代表"白蚁"一名。工蟊和蚂蚁的工蚁一样，数目最多，也最能干，

但它不参加作战。保卫的任务专门有武装队伍来负责，那就是兵螱。兵螱和蚂蚁的兵蚁差不多，也是大头大脑的，上腭有的大，有的小。一个巢的兵螱还有"大兵"、"小兵"等几个"兵种"。有的白蚁巢里，兵螱的种类就更多了，

蚂 蚁

有"长头兵"、"歪嘴兵"和"长鼻兵"等，各有各的厉害。长鼻兵的头大而尖，像个梨，前面伸出个长鼻子，交战时，对准敌人，由"鼻子"喷出一股白水，黏黏糊糊的，使敌兵不战而败。歪嘴兵的上腭很发达，是弯曲的，且左右不对称，它可以靠弯曲上腭的弹力一下跳出很远。至于大头兵、长头兵的头更是堵洞口的闸门了。白蚁的武装队伍完全是专职化的，负责一切保卫工作。白蚁巢被破坏的时候，工螱连忙出来修补，兵螱就出来迎敌、守巢并保护工螱施工。外出采集食物的时候，在排成长队的工螱大队两旁，可以看到一个个的兵螱在护送着，这真可以说是昆虫中武装自卫的典型了。

义务清洁工——埋葬虫

在热带地区一些国家里，生长着一种小昆虫，它体长不到4厘米，浑身黑色，翅膀并列着2条赤褐色的斑纹，头上长着1对赤色的触角，人们都叫它"埋葬虫"。

埋葬虫在食动物尸体的时候，总是不停地挖掘尸体下面的土地，最后会自然而然地把尸体埋葬在地下，它们也因此而得名。这种小昆虫嗅觉极其灵敏，能嗅出离它很远的动物尸体的腐败气味，并马上赶到那里，钻入尸体底下吧吐掘成一个洞穴，然后将尸体用土覆盖。之后，雌虫就钻入尸

体里产卵，当卵孵化成幼虫时，便以尸体当做主食，长大变成甲虫再钻出地面活动。

据美国鱼类和野生动物保护组织的调查，美国的埋葬虫数量在急剧减少，已经被列入濒危动物的名单，并且正在采取措施，使它们的数量不断增加，免于绝种。这使有些人感到困惑不解，干吗去关心这些小虫？也许世界野生动物基金会的回答最有说服力："在地球上，所有的生命，不论是奔跑的小孩、凶猛的老虎、温顺的斑鸠、流浪的青蛙，还是美丽的鲜花，都以我们尚不知晓的某种方式密切相关。如果我们人类不去关心它们，让它们一个接一个地从地球上消失，那么总有一天，这个命运也会落到我们人类的头上。"

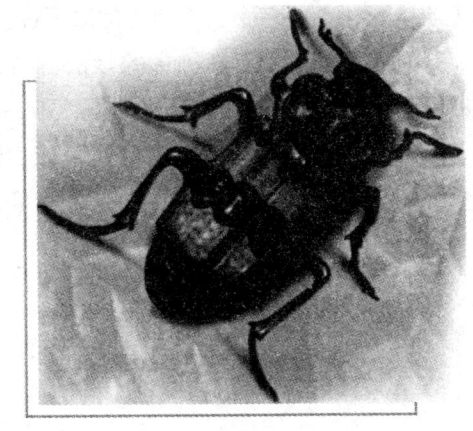

埋葬虫

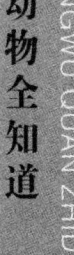

能吃掉蜗牛的萤火虫

萤火虫是人们爱见到的一种会发光的小昆虫，常在夏日夜晚活动，它发出光非常好看。

萤火虫的发光，简单来说，是荧光素在催化下发生的一连串复杂生化反应；而光即是这个过程中所释放的能量。由于不同种类的萤火虫，发光的形式不同，因此在种类之间自然形成隔离。萤火虫中绝大多数的种类是雄虫有发光器，而雌虫无发光器或发光器较不发达。

萤火虫的发光器是由发光细胞、反射层细胞、神经与表皮等所组成。如果将发光器的构造比喻成汽车的车灯，发光细胞就有如车灯的灯泡，而反射层细胞就有如车灯的灯罩，会将发光细胞所发出的光集中反射出去。所以虽然只是小小的光芒，在黑暗中却让人觉得相当明亮。

萤火虫的本领除了能够发光，还可以捕捉比它大几十倍甚至上百倍的蜗牛。蜗牛爬起来慢吞吞的，看起来软弱，但它是世界上牙齿最多的动物，总共有牙14000多个，然而它却敌不过萤火虫，最后要乖乖地被吃掉。

原来萤火虫有一套神奇的妙法，当它找到蜗牛的时候，先用它那像针头一样的嘴巴在蜗牛身上扎几下，不一会蜗牛被扎中毒麻醉而失去知觉，这时萤火虫又再狠狠地给蜗牛扎几针，注入一种强烈的消化液，很快吧蜗牛的肉皮化成稀稀的肉汁，于是，小萤火虫便招呼同伴一齐吸食，直到吃饱吃完为止。

❤ 会捕捉表面水波的豉虫

再池塘和和万里生活着一种黑色小甲虫，叫豉虫，它有捕捉表面水波的特殊本领，是动物界的一种奇特小动物。

豉虫体椭圆形，雄虫长约7毫米，雌虫较大。色黑或黄，有光泽。头顶及前胸背皆光滑。上唇多直皱。复眼分离，有上下2对，上方1对，适于空气中视物；下方1对，适于水中视物。触角短小，分为9节，色黑，但第2节之分枝褐色。足3对，赤褐色，前肢长，中、后两肢短小而侧扁，适于游泳。翅鞘有刻点，尾端略突出翅外。生活于池沼中，常在水面旋回游泳，夜间每每飞行于空中。以捕取小虫为食。卵产于水草上，幼虫成长后，造茧化蛹而变为成虫。

豉虫有2只眼睛，每只都分2部分，一部分看着水中，一部分注视着天空，无论白天和黑夜都能轻快地在水面上滑来滑去，即使将它的眼睛损坏，其活动也没有什么明显变化。原来它长着一对与众不同的触角，当它在水面上滑行的时候，触角就位于水和空气的交界处，根据水的表面波，能发现水面上的物体，了解周围的情况。如果将它的触角切除，它就会无头的苍蝇那样，在水面上乱撞，这种能捕捉表面水波的动物，在动物界还是不多见的。